ペットの命を守る本

もしもに備える救急ガイド

著　サニーカミヤ
監修　小沼　守

緑書房

はじめに

元気に遊んでいたペットが突然意識を失い、呼吸が止まり、心臓に手を当てても鼓動が感じられない……。そんなとき、あなたならどうしますか？

人間なら「１１９番」で救急車を要請すれば、平均８分ほどでやってきてくれます。しかし、ペットの場合は、心肺停止状態になったとしても救急車は呼べません。飼い主がかかりつけの動物病院まで連れて行く必要があります。その搬送手段はタクシーまたは自家用車（同伴者がいる場合）となりますが、車に乗せる前から救命のための処置を始める必要があります。

すなわち、倒れたペットを救命するために、飼い主やその現場に居合わせた人が、すばやく心肺蘇生法（心臓マッサージや人工呼吸）を行わなければなりません。動物病院に搬送するまでに手をこまねいているのではなく、いち早く心肺蘇生法を実施することが、その命を救うために最も重要だからです。そして、動物病院へ向かう車内でも、できる限りの救命処置を継続しなければなりません。そのような、飼い主やその場に居合わせた人による処置を「一次救命処置」といいます。命をつないで動物病院に到着すれば、獣医師による専門的な救命治療（二次救命処置）に引き継ぐことができます。その一次救命処置から二次救命処置への一連の行動を「救命の連鎖」といい、その連鎖が途切れないことがペットの救命率の向上に大きく影響するのです。

「助かる命なら、助けたい」。そう願わない飼い主は存在しません。しかし、そのための具体的な方法や手順を知っておかなければ、いくら切望してもそれをかなえることはできません。そのため本書の第1章では、いざというときに、できるだけ冷静さを保ち、あきらめずに、救える命を救うために必要な知識を紹介しています。万が一、ペットが心肺停止などの緊急事態に陥ったとしても、ひるむことはありません。「ペットの救急法」を理解し、何度も練習して身に付けることによって、みなさん自身が「ペットの救急隊員」になれるのです。

また、命に別状はないとしても、日常生活のさまざまな場面において、ペットがケガを負うことはあります。そのようなとき、ケガが悪化しないように、さらには何らかの感染を起こさないように、速やかに応急処置を行える知識を備えることは、飼い主としての責任ともいえます。同じく第1章では、ケガに対する基本的な止血法や包帯法など、動物病院に搬送する前に施すべき処置を紹介しています。その他、身近な危機として、熱中症への対応法なども解説しています。

第2章と第3章では、災害時の救急対応と日ごろからの備えを取り上げています。日本は、毎年のように大きな地震や水害などに見舞われています。過去の災害においても、ペットの置き去り事例などがたびたびみられていますが、いざというときに大切なペットを守るためには、日ごろからの備えがとても重要です。ペットは家族であるという社会的な認識が定着し、動物の愛護への意識も高まっています。しかし、災害時における人とペットの同行（あるいは同伴）避難においては依然として課題が多いことから、さまざまな側面から「飼い主ができること」や「飼い主がしなければならないこと」を考察しています。

あるいは、甚大な災害が起これば、地域の動物病院も被災し、動物医療体制に支障をきたすかもしれません。そんなとき、かけがえのない命を助けることができるかどうかは、飼い主にかかっているのです。

第4章では、人とペットの関係についてさらに視野を広げるために、動物福祉や動物介在活動、そして動物介在医療について、海外の事例も交えながら紹介しています。第2章と第3章で、災害時にペットが避難所で暮らすうえでの注意点や課題を述べていますが、ここではさらに踏み込み、日常の医療や福祉現場にペットが入る（たとえば、ペット同伴入院やペット連れ面会を実現する）ためには、どうすれば良いかなどを考察しています。

さて、私がなぜペットの救命救急や防災対策に力を入れることになったか、簡単に経緯を述べます。私は日本でレスキュー隊員として経験を積んだ後、30歳でアメリカに渡りました。ニューヨーク州の救急隊員として働くことになったのですが、その消防局では、ペットの救命法や捕獲の方法などをすでに取り入れていました。そのとき、「日本にもペットレスキューを学べる仕組みが必要ではないか？」という問題意識を抱いたのです。

そこで、具体的なカリキュラムがないか探したところ、アメリカの「ペットテック社」に出会いました。同社では、ペットの救命救急や防災対策などについて、消防士や救急隊員だけではなく、飼い主も学ぶことができる「ペットセーバープログラム」の普及を進めていました。私もそのプログラムを学び、ペットのための対策に取り組むことなったのです。本書で紹介しているペットの救命救急法および防災対策についての情報は、その「ペットセーバープログラム」の内容を軸としています。

さらに、獣医学領域では、犬と猫の救命救急・心肺蘇生のガイドライン「RECOVERガイドライン」および「CPR（心肺蘇生法）ガイドライン」があることから、心肺蘇生法の話題についてはそれらの知見を取り入れるなどしています。また、各種災害対策については、環境省が出している「災害時におけるペットの救護対策ガイドライン」や「人とペットの災害対策ガイドライン」なども参考にしています。

なお、本書の内容には獣医学的な情報が多く含まれることから、小沼守先生にその監修をお願いしました。小沼先生はベテランの臨床獣医師であり、現在は千葉科学大学教授としてペットの災害対策や危機管理、災害救助犬などの研究を進めておられます。小沼先生には第3章の執筆もお引き受けいただき、避難所における感染症対策などについて専門的見地から解説していただいています。

本書のテーマは「ペットの命を守る」ことですが、基本的には犬と猫を対象としています。そのため、とくに断りがない限り、「ペット」という記述は「犬と猫」を表しています。もちろん犬や猫だけがペットというわけではありませんが、その他の動物に比べて圧倒的に飼養頭数が多いこと、そして獣医学領域などにおいても知見の集積が豊かであることから、犬と猫に内容を絞ることにしました。

いざというときは突然やってきます。そんなときには、誰よりもそのペットを愛しているという自信とほんの少しの勇気を持ち、思い切って救命処置を行ってください。もちろん、すべての命が救えるわけではありません。しかし、事前準備も含めて、できるだけのことを精一杯することが、「何もできなかった……」という後悔を生まないことにつながります。

あなたの大切な家族であるペットの、そして、誰かの大切な家族であるペットの命を助けるためにできることはたくさんあります。さぁ、助かる命をみなさんの手で助けてあげましょう！

一般社団法人 日本国際動物救命救急協会　代表理事

サニー カミヤ

目次

第3章 ペットとの同行・同伴避難

目次

第4章 動物の保護と介在活動

Pet First Aid

第1章

ペットの救急法

1 ペットの救急救助の現状

1．ペットレスキューの対象

そもそも、日本の災害現場で消防士がペットを助けていることを知らない方も多いかもしれません。私はレスキュー隊現役時代の約30年前から、さまざまな災害現場でペットレスキューを行っていました。もちろん、人とペットが同時に被災した場合、人命救助を優先しなければなりませんが、飼い主が不在の場合や保健所などから依頼されたときには、ペットのみのレスキューも行っていました。

現在、日本では次のようなペットレスキューが行われています。

❶「災害現場」におけるペットレスキュー

・火災現場で飼い主と一緒に煙に巻かれて一酸化炭素中毒や窒息状態に陥ったり、

やけどを負ったペットの救助
・土砂崩れによって飼い主と一緒に生き埋めになったペットの救助
・地震による倒壊家屋で飼い主と一緒に下敷きになったペットの救助
・台風の際、増水した河川で飼い主と一緒に流されたり、孤立したペットの救助
・交通事故により飼い主と一緒に車内に閉じ込められたペットの救助
など。

❷「危険排除」「事態回避」「災害予防」のためのペットレスキュー
・洪水時に中州に取り残されたペットの救助
・遊んでいて建物と建物のあいだなどに挟まったペットの救助
・塩ビパイプが首にはまって抜けなくなったペットの救助
・高所から降りることができなくなった猫の救助
・マンホールに落ちたペットの救助
・鉄柵から首が抜けなくなった犬の救助
など。

犬や猫と暮らしている人たちにとって、ペットは家族であるのはもちろん、「生活に喜びを与えてくれる大切な存在」であり、「健康面や精神面への影響に加え、人と人とをつなぐコミュニケーションにおいても重要な存在」であることが近年明らかになっています。私はアメリカに22年間住んでいたのですが、「もし火災現場からの救出活動で人だけが助かってペットが亡くなったら、その飼い主は『自分も死んでしまいたい』と思うほどつらく、ペットロスになるなど、トラウマを抱える。そればかりか、同じところには住みたくなくなるほど悲しい人生を歩み続けなければならない」という意見を何度も聞きました。

また、さまざまな自然災害発生時の現場において「消防や自衛隊、警察、海上保安庁が、飼い主だけでなくペットの命も救うことの重要性」が社会的に注目を浴びています。日本においては、２０１５年９月に発生した関東・東北豪雨で鬼怒川が決壊・氾濫した際、自宅の屋根の上に愛犬２頭とともに取り残された夫婦を、自衛隊のヘリコプターがホイスト（吊り上げ）救助したニュース映像が多くの視聴者の胸を打ちました。

今後さらに災害が増えると予想されています。現在の法律ではペットは財産とみなされることから、消防、自衛隊、警察、海上保安庁なども被災者と一緒にペットを助ける訓練や救出後の救急法、担架による搬送法といった訓練も行っており、年々その内容も実践的になっています。

消防、自衛隊、警察、海上保安庁の隊員が現場で行うことができる犬・猫への救命救急処置とそれに関係する行為は次のとおりです。

・安全のための捕獲や保定。
・体温、脈拍、呼吸数、意識状態、顔色の観察。
・必要な体位の維持、安静の維持、保温。
・用手法による気道確保。
・背部叩打法、チェストトラスト法、腹部突き上げ法（ハイムリック法）、および咽頭（催吐）反射法による異物の除去。
・胸部圧迫心臓マッサージ。
・呼気吹き込み法による人工呼吸。
・圧迫止血。
・綿包帯による咬傷防止（伸縮包帯は使用しない）。
・咬傷防止の口輪を装着したうえでの骨折時の処置。

2. ペット用酸素マスクの寄付活動

災害現場でペットの呼吸や心拍が停止したとしましょう。飼い主やバイスタンダー（救急現場に居合わせた人）、消防士や救急隊員が、ペットの大きさに合わせたペット用酸素マスクによって適量の酸素を迅速に与えることができれば、人工呼吸よりも効果的に脳へ酸素が供給されるため、ペットの救命率が大幅に上がります。

アメリカをはじめ諸外国の消防本部では、ペットの救出救助法や救命救急法などが必須訓練になっていたり、消防車両にペット用酸素マスク（図1-1、2）やペット用担架（図1-3）が積載されていて、救急車内で心肺蘇生法などの処置をしながら動物病院へ搬送することもよくあります。

一方、日本の消防車両には、まだひとつもペット用酸素マスクが積載されていません。著者が推進している「ペットセーバープログラム（ペットの救命救急法の教育プログラム）」では、日本においても諸外国と同じように災害現場でペットの命を助けることができるよう、法の整備などが進み次第、日本全国の消防本部へペット用酸素マスクの寄付活動を行っていく予定です。

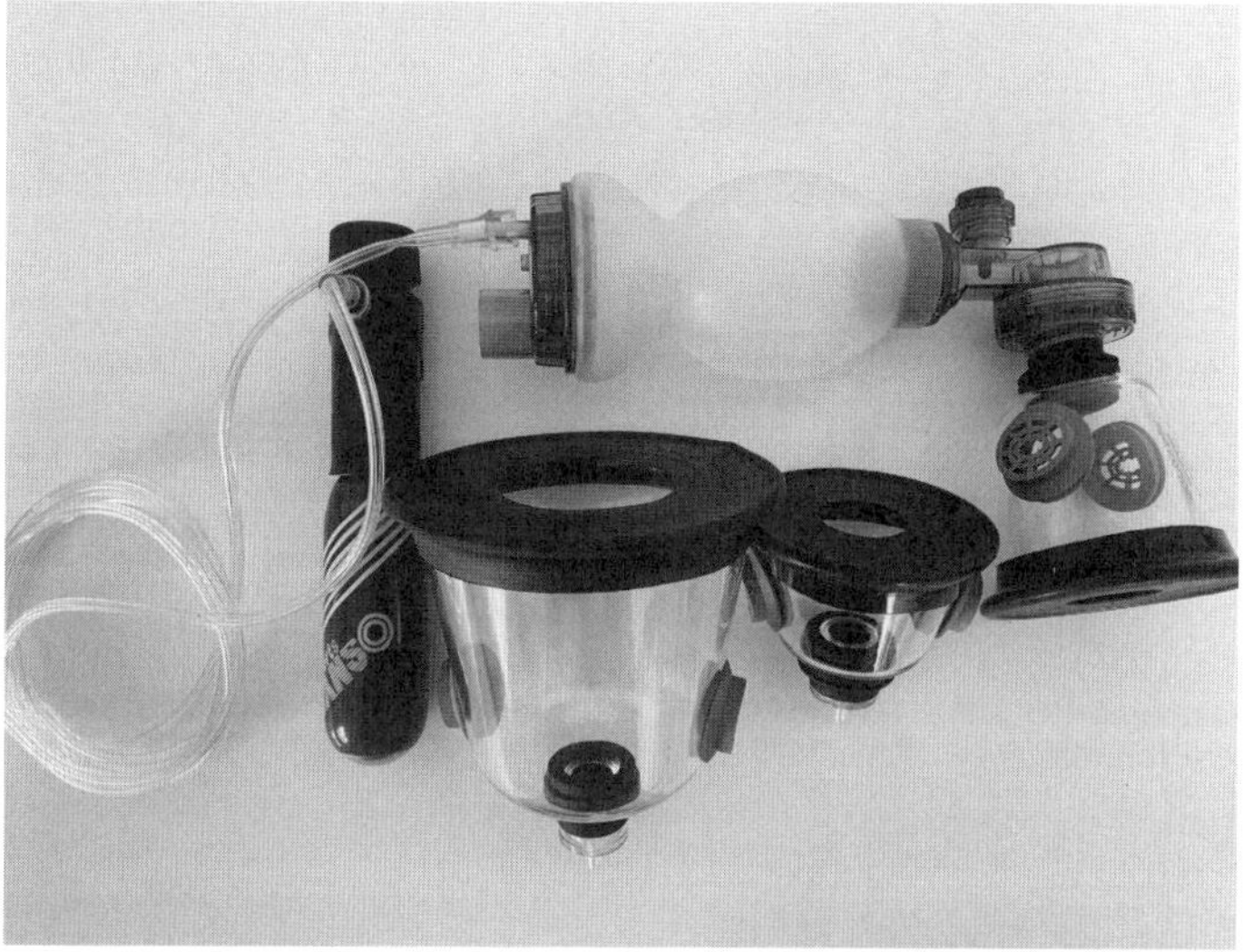

図 1-1. ペット用酸素マスク

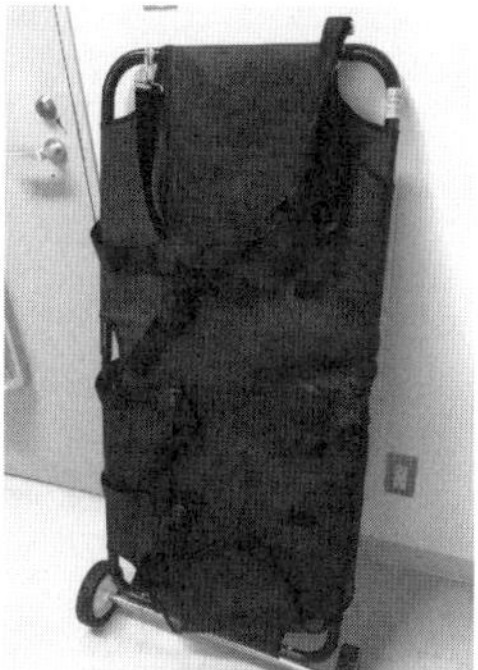

図 1-3. ペット用担架

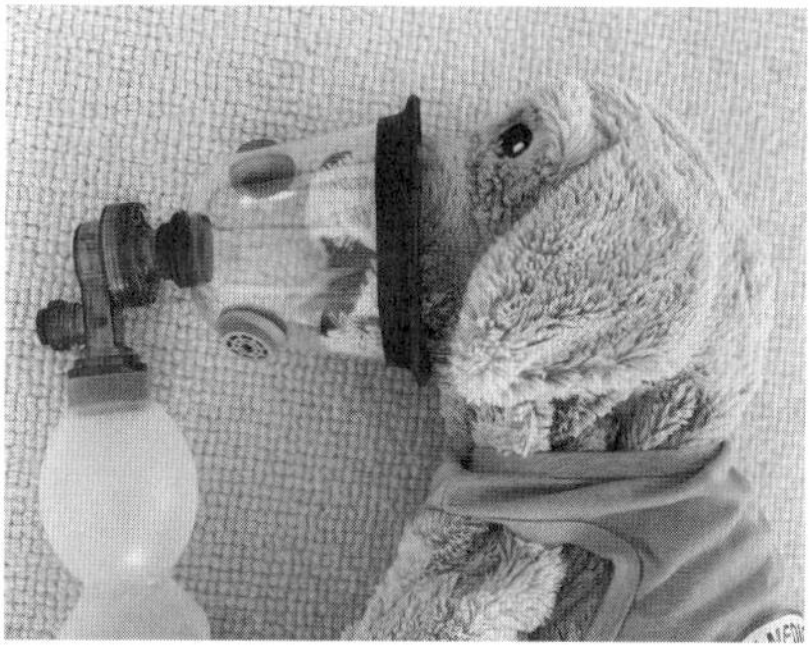

図 1-2. マスクの装着法

3. ペット救急の根拠法令

飼い主がケガや病気をしたペットに対して、必要な救急処置や動物病院の受診などを行って、飼養動物の健康管理、衛生的な飼養環境の整備や管理を継続することが法律で定められています。

動物の愛護及び管理に関する法律

第一章　総則

（目的）

第一条　この法律は、動物の虐待及び遺棄の防止、動物の適正な取扱いその他動物の健康及び安全の保持等の動物の愛護に関する事項を定めて国民の間に動物を愛護する気風を招来し、生命尊重、友愛及び平和の情操の涵養に資するとともに、動物の管理に関する事項を定めて動物による人の生命、身体及び財産に対する侵害並びに生活環境の保全上の支障を防止し、もつて人と動物の共生する社会の実現を図ることを目的とする。

（基本原則）
第二条　動物が命あるものであることにかんがみ、何人も、動物をみだりに殺し、傷つけ、又は苦しめることのないようにするのみでなく、人と動物の共生に配慮しつつ、その習性を考慮して適正に取り扱うようにしなければならない。
2　何人も、動物を取り扱う場合には、その飼養又は保管の目的の達成に支障を及ぼさない範囲で、適切な給餌及び給水、必要な健康の管理並びにその動物の種類、習性等を考慮した飼養又は保管を行うための環境の確保を行わなければならない。
（普及啓発）
第三条　国及び地方公共団体は、動物の愛護と適正な飼養に関し、前条の趣旨にのっとり、相互に連携を図りつつ、学校、地域、家庭等における教育活動、広報活動等を通じて普及啓発を図るように努めなければならない。

第六章　罰則
第四十四条　愛護動物をみだりに殺し、又は傷つけた者は、五年以下の懲役又は五百万円以下の罰金に処する。
2　愛護動物に対し、みだりに、その身体に外傷が生ずるおそれのある暴行を加え、又はそのおそれのある行為をさせること、みだりに、給餌若しくは給水をやめ、酷使し、その健康及び安全を保持することが困難な場所に拘束し、又は飼養密度が著しく適正を欠いた状態で愛護動物を飼養し若しくは保管することにより衰弱させること、自己の飼養し、又は保管する愛護動物であつて疾病にかかり、又は負傷したものの適切な保護を行わないこと、排せつ物の堆積した施設又は他の愛護動物の死体が放置された施設であつて自己の管理するものにおいて飼養し、又は保管することその他の虐待を行つた者は、一年以下の懲役又は百万円以下の罰金に処する。

3　愛護動物を遺棄した者は、一年以下の懲役又は百万円以下の罰金に処する。

4　前三項において「愛護動物」とは、次の各号に掲げる動物をいう。

一　牛、馬、豚、めん羊、山羊、犬、猫、いえうさぎ、鶏、いえばと及びあひる

二　前号に掲げるものを除くほか、人が占有している動物で哺乳類、鳥類又は爬虫類に属するもの

ペットがケガや病気をしたり事故が発生したら、家族や周囲の人々が互いに協力して救護活動ができるよう、普段から近所の人に協力を求めやすい環境と体制を作っておくことが望まれます（これを「共助」といいます）。

ペット関連事業所（ペットショップやトリミングサロン）では、傷病ペットを速やかに救護するために従業員に対して応急処置に関する教育を定期的に実施し、救命技術を高めることが動物の安全な環境を守ることにつながります。

もし、負傷したペットに対して適切な保護を行わないと、百万円以下の罰金になることもあります。

【TOPIC】ペットの虐待を減らすために

「動物の愛護及び管理に関する法律（動物愛護管理法）」は、動物の愛護と適切な管理により、「人と動物の共生社会の実現を図る」ことを目的とし、昭和48年に制定されました。同法では、犬・猫をはじめ、牛、馬、豚、めん羊、山羊、いえうさぎ、鶏、いえばと、あひる、そのほか人の飼養下にある哺乳類、鳥類、爬虫類を「愛護動物」と規定して保護しています。そして、先に紹介したとおり、動物への虐待や遺棄に対しては、懲役や罰金などの罰則が定められています。

しかし、日々のニュースではしばしば、多頭飼いによる飼養崩壊や飼養放棄（食事や水を与えない、糞尿の掃除をしない……）の問題が取り沙汰されます。ペットを捨てる飼い主は依然としていますし、売れ残ったり、不要になった動物を捨てる販売業者や引き取り屋なども存在します。その他、動物虐待事件も後を絶ちません。

心ない動物虐待事件が起こる大きな要因として、学校教育における動物愛護教育が標準化されていないことや、「動物虐待や動物の遺棄が違法である」という認識が日本社会に浸透していないことが挙げられます。そのような動物たちを具体的に守ることができるよう、動物愛護教育の普及をはじめ、動物愛護管理法を時代に即して改正していく必要があります。環境省がまとめた「動物の虐待事例等調査報告書」（平成30年）のさまざまな虐待事例からは、若い男性による虐待が多いことや、高齢者による多頭飼いの崩壊が見受けられます。このことから、ターゲットを絞った動物虐待予防対策マニュアルの作成や、「加害者にしない・させない・見逃さない」ための直接的なアプローチなどの仕組み作りが求められます。

2 ペットの救命法の基本

1.「救命の連鎖」で命を救う

急に心臓や呼吸が止まってしまったペットの命を救い、生活への復帰に導くために必要となる一連の行動を「救命の連鎖」（図1-4）といいます。

・1つ目の輪「安全と反応確認」…倒れたペットを発見したら、落ち着いて自分とペットのために周囲の安全を確認する。手を叩いたり、ペットの名前を呼んだりして反応を見る。深呼吸して落ち着く。

・2つ目の輪「タクシーと獣医師の手配」…搬送手段の確保と、獣医師への連絡を行う。

・3つ目の輪「一次救命処置（胸部圧迫と人工呼吸）」…普段どおりの呼吸がなければ、ただちに心臓マッサージ（胸部圧迫）を開始。獣医師に引き継ぐまで継続する。

図 1-4. 救命の連鎖

・4つ目の輪「搬送」…タクシー等で胸部圧迫を継続しながら搬送する。
・5つ目の輪「二次救命処置と心臓の拍動（心拍）再開後の集中治療」（動物病院で行われる処置）…二次救命処置は、一般的な飼い主等による心肺蘇生法などの一次救命処置のみでは心拍が再開しない動物に対して、獣医師が薬剤や医療機器を用いて行う処置を指す。二次救命処置では、昇圧剤、強心薬、抗コリン薬の投与、電解質や酸塩基障害、脱水の補正、除細動の試行などを施す。心拍再開後は、必要に応じて集中治療を進める。

「救命の連鎖」を構成する5つの輪のうち、1～4つ目の輪はその場に居合わせた飼い主らが担います。そして、この5つの輪が途切れることなく、すばやくつながっていくことで、救命効果が高まるのです。どうかみなさん、いざというときに動物病院に搬送するまでの救命活動を一刻も早く行うため、ペットの心肺蘇生法を練習して命のリレーをつないでください。

2．ペットの救命救急法の用語や指針の定義

ここでは、本書に出てくる救命救急法の用語や指針をいくつか挙げ、それぞれの定義についてお話ししておきます。

❶救命

あきらめずに救える命を救う行為を指します。

❷救命曲線

心肺停止状態になった場合、血液中の酸素が脳に新しく取り入れられないため、時間が経てば経つほど救命率は下がります。これをグラフ化したものが「救命曲線」です。心肺停止したペットに対して早急な心肺蘇生を行うことが救命のチャンスを高めます。

❸ 心停止の予防

突然死に至る可能性のある傷病や事故を未然に防ぐことがいちばんです。たとえば、交通事故や水中毒（過剰な水分摂取によって生じる中毒症状で、重症では死に至る）などによる日常の不慮の事故を防ぐ必要があります。

成犬では心疾患、脳卒中、窒息、熱中症、入浴・水遊び関連の事故、運動中の心停止、極度の心身ストレスなどにおける、心停止が生じる前の兆候を見逃さず、それによって心停止に至る前に動物病院へ早急に搬送して救命治療を開始することが重要です。

❹ 心停止の早期認識

突然倒れたり、反応がない様子が見られたら、ただちに心停止を疑いましょう。大声で周囲の人々に助けを求め、動物病院へ連絡し、タクシーを手配し、少しでも早く救命治療を行ってくれる動物病院に到着することが重要です。

飼い主が一人で、かつ自分の車で搬送するのは望ましくありません。なぜなら、一人では動物病院まで胸部圧迫などの処置を継続できませんし、後部座席に意識のないペットを置くとシートから落下したりして、頸椎などに損傷を与えることも考えられるためです。

次のようにタクシーが必要ないケースもありますが、そのときの状況に合わせて搬送手段を選んでください。

・落ち着いて安全に運転できる家族や友人などが近くにいる。
・大型犬のため搬送困難だが、獣医師が現場に来てくれる。
・ペットの救急車サービスを要請できる。
・動物病院が徒歩圏内にある。

いずれの場合でも、獣医師に引き継ぐまで救命処置を継続することが何よりも重要です。

❺早い心肺蘇生（一次救命処置）

倒れているペットを発見した人や居合わせた人、一般の飼い主やペット関連事業者など、誰でもすぐに行える処置であり、心停止したペットの日常生活復帰に大きな役割を果たします。

❻動物病院での処置（二次救命処置）

獣医師による専門的な治療でペットの心拍を再開させ、日常生活復帰を目指した高度な治療を行うことです。

❼ **自助救護の必要性**

「自分が飼っているペットの生命・身体は自分たちで守る」という心構えを持つ必要があります。命に瀕する状態ではなくても、負傷したペットへの迅速な応急処置が必要です。

❽ **悪化防止**

負傷した状態から悪化させないことが重要です。悪化防止には傷の悪化ばかりでなく、感染症や心の状態、飼養環境を含みます。

❾ **苦痛の軽減**

負傷や病気などによる苦痛があれば、できるだけ早い緩和を目指します。苦痛があるあいだ、ペットはずっとストレスを感じ続け、噛みつきや摂食障害など、さまざまな好ましくない状態に陥る可能性があります。

また、飼い主にとってもその状況を見ることがストレスとなって、生活にも影響を及ぼします。

❿ 命を救おうとする飼い主の心構え

ペットと長く幸せに暮らすためには、「いざというときにどうやって安全にペットを助けるか?」という話題やシミュレーションをことあるごとに確認したり調べるほか、自分のペットに合った応急処置を身に付けておくことが必要です。

家に帰ってきてドアを開けたとき、普段は玄関まで「お帰りなさ～い!」と迎えにきてくれるのに、名前を呼んでも何の音も聞こえず、いつもいる部屋を見ると、そこにピクリともしない状態で倒れていたら……。想像したくもないことですが、万が一のときのために救命法を知っておくことで、最愛のペットの命を助けることができるかもしれません。

ペットの救命法の流れは、次のタイムラインが一般的です。

①観察、意識・反応の確認。
②安全確認・動物病院の手配(カルテ番号と容体を伝える)と搬送。

*直近に救命処置を行える動物病院があればそちらへ搬送。

③呼吸と脈の確認。
④心肺蘇生法（胸部圧迫、人工呼吸）の実施。
⑤搬送途上の救命処置の継続、声かけ。
⑥動物病院（獣医師）への引き継ぎ。

3 ペットの救命法を実践する

1．観察、意識・反応の確認

まずは、できる限り落ち着くことが大切です。ペットの救命法についての講座を受講した後、実際に意識を失ったペットに遭遇して蘇生に成功した飼い主の体験談を聞くと、次のような状況が多く見られます。

「最初は受け入れられなくて手や体が震え出すし、頭が真っ白になって……。泣き崩れそうになりながらも『自分しか助ける人はいない！』と気を奮い立たせました。タクシーの手配や動物病院への連絡をし、手が震えながらも心肺蘇生法を行いながら動物病院まで連れて行って無事に命を助けることができました」

確かにペットが意識不明になる状況など、日ごろは考えてもみないことです。突然起きた非日常的な状況を受け入れるためには、まず深呼吸して落ち着きましょう。

そして、倒れているペットに近付きながらしっぽや耳、呼吸（胸腹部の上下運動）などの動きをすばやく観察します。自分とペットの距離が離れている場合は、手を叩いたり、名前を呼んだりしましょう。もし耳が聞こえていないようなら、足で床を鳴らして、振動による反応の確認をします。

2．安全確認・動物病院の手配と搬送

名前を呼んでも反応がなく、耳もしっぽも動いていない、呼吸もしていないような普通の状態ではないペットを発見したら、すぐに動物病院までの安全な搬送手段（タクシーなど）を手配し、救命処置を行うことができるかかりつけの動物病院に電話します。カルテ番号を伝えてペットを特定してもらい、「呼吸をしていない」「心臓が動いていない」などの症状を伝え、今から連れて行くことを伝えましょう。すると動物病院は受け入れ準備を始めますので、救命の連鎖が早くなって助かる確率が上がります。自分一人で最後まで救命処置を行うのはとても難しいので、できるだけ早く動物病院へ連れて行って獣医師による処置を受けることが大切です。

ほとんどのタクシーはペットの同乗を受け入れていますが、場合によっては同乗を

拒否されることもあります。あらかじめタクシー会社にペットが同乗することを伝えると、同乗可能な車が配車されます。もちろん事前によく使うタクシー会社に同乗の条件を聞いておくと良いでしょう。一人のときには、携帯電話をスピーカーモードにして、救命処置を行いながらタクシー会社や動物病院に電話しましょう。注意点として、タクシーの座席にペットの血液や毛、嘔吐物などが付着すると、その後の営業に支障をきたしますので、飼い主のマナーとして配慮が必要です。

大型犬なら獣医師に来てもらうほうが、動物病院へ搬送するよりも早く救命医療を受けられる場合があります。普段から24時間救急対応している動物病院を把握しておきましょう。また、携帯電話などには、かかりつけの動物病院のほか、救急対応可能な動物病院の電話番号も登録しておきます。できれば2か所以上登録しておくと安心です。急な休診もありますし、とくに災害時などには動物病院も被災し、診療できないことも想定されます。そのため、できれば異なる地域の動物病院をピックアップしておくのが理想です。

動物病院まで搬送するときは、自分で運転せず、友人や家族の運転、あるいはペット搬送可能なタクシー会社等を利用することが鉄則です。タクシー会社の電話番号も2か所以上は登録しておきましょう。

3．呼吸と脈の確認

まず、呼吸を確認します。脈は股の動脈で確認しますが、誤った評価がされる（自分の脈を脈ありと判断してしまう）ことが多いため、獣医学領域における救命救急・心肺蘇生のガイドライン「RECOVERガイドライン」では、脈の確認は行わず、呼吸の有無を確認すると記載されています。脈の確認がないと心臓が停止しているかどうか判断できませんが、呼吸が止まっているなら、すぐに心停止に至るため、躊躇なく心臓マッサージ（胸部圧迫）を開始します。心臓が動いていたとしても、実施しないよりは行ったほうが蘇生率が良い、そんなデータがありますので、安心して実施してください。

救命処置を実施する人は、できるだけペットの背部（背中側）に近付きます。ペットの前足の付け根にある心臓を中心にして両膝をつき、両つま先を立てます。そして3つのことを同時に行います（図1-5、6）。

①どちらかの手で気道確保。

②もう片方の手で大腿動脈の触診による脈（心拍）チェック。

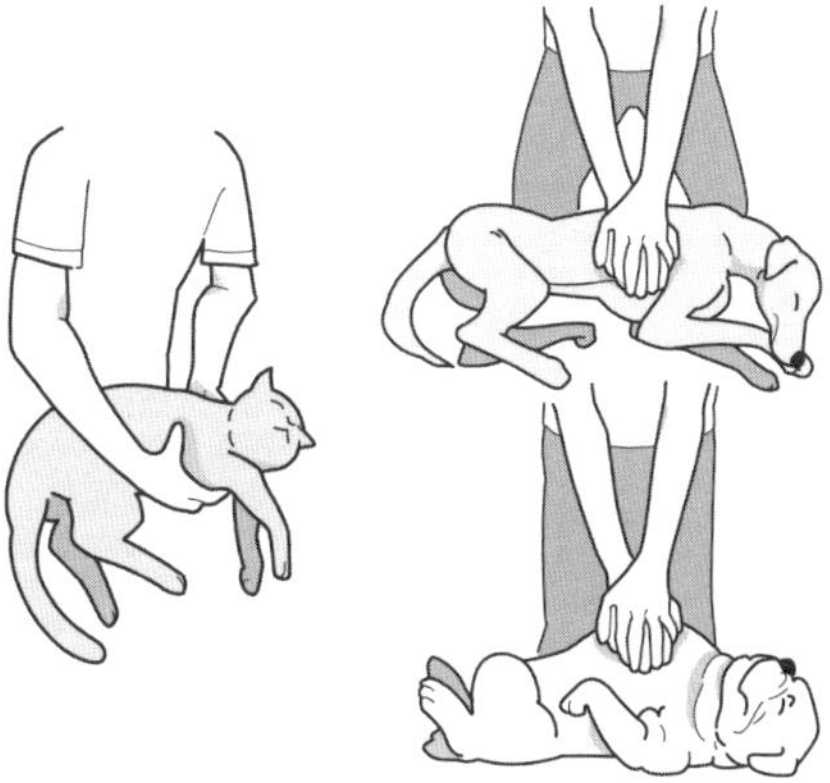

図 1-5. 救急処置を実施する際のポジション
短頭犬種（右下）は仰臥位（仰向けの状態）、そのほかの犬種（右上）や猫（左）は側臥位（横に寝た状態）にする。

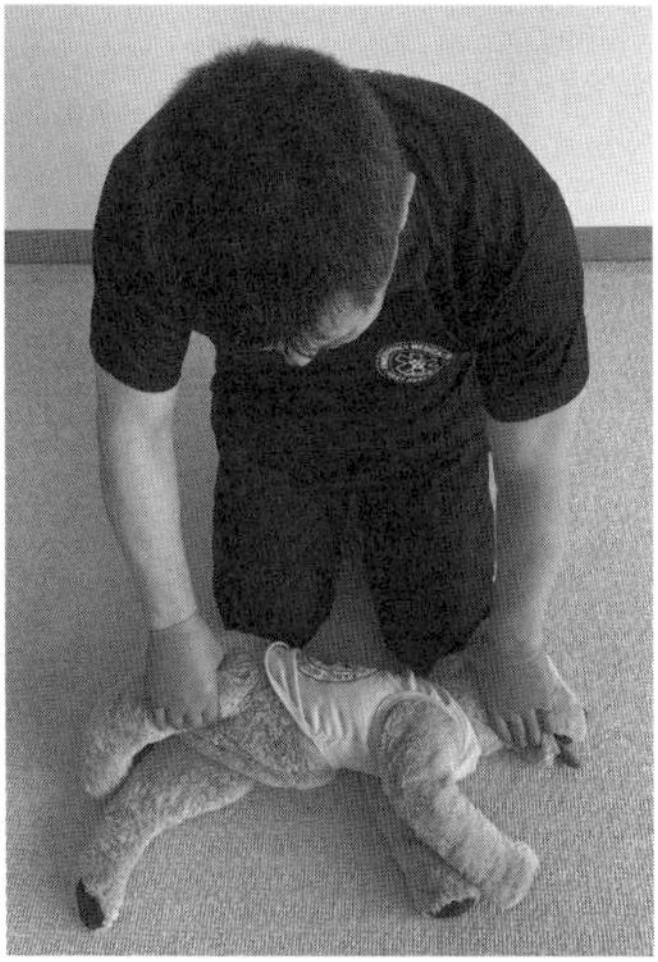

図 1-6. 呼吸と脈の確認
左手で気道確保、右手で脈のチェックを行いながら、胸腹部の動きを視認している。

③目は胸腹部の動きを見る。

1～6秒以内でバイタルサイン（心拍や呼吸の状態など生命の兆候）のチェックを行います。バイタルサインについては、普段からペットの心拍や呼吸を目や手の触感で観察しておくと、心肺停止したときにすぐにわかると思います。

怖いのは、心停止のサインとなる「死戦期呼吸」です。死戦期呼吸とは、しゃくりあげるような不規則な呼吸のことで、心停止直後にしばしば起きます。あえぐような呼吸動作に見えるため呼吸しているように思えますが、実際には呼吸ができていない危険な状態です。死戦期呼吸が見られた場合は、早急に胸部圧迫と人工呼吸を繰り返す必要があります。

4．心肺蘇生法（胸部圧迫、人工呼吸）

❶胸部圧迫（心臓マッサージ）

呼吸と心拍が止まっていることを確認したら、ただちにペットの背部から前足の付け根部分に片手、または両手を当てて、肘を伸ばした状態で心肺蘇生法を開始します。心肺蘇生法は次の手順で行います。

周りが危険でないことを確認後、図1-6の姿勢をとります。口腔内の異物をすばやく確認した後、片手で気道確保、もう片方の手は心臓部に当てて胸部圧迫の準備、そして、目で胸腹部の呼吸運動の確認という4つのことを1~6秒以内で行います。なお、短頭犬種は仰臥位（仰向けの状態）、そのほかの犬種や猫は側臥位（横に寝た状態）で行います（図1-5）。

呼吸も脈もない場合、胸部圧迫を行います。手を開いた状態で利き手を下にし、肘を伸ばして、心臓部分（胸部のいちばん高い場所）に当てます。押す深さ（圧迫の強さ）は、胸の幅が元の2分の1から3分の1となることが目安です。1分間に100回のペース（実際は30回胸部圧迫して人工呼吸2回の繰り返し）で圧迫します（図1-7）。

30回の胸部圧迫後、ペットの舌を布で挟んで引き出し（図1-8）、呼気を吹き込む人は口の高さがペットの鼻の高さに合うように姿勢を低くして、肺の容量に応じた2回の人工呼吸（呼気吹き込み）を行います（図1-9）。このとき、ペットの首を上に向けないように（気道をふさがないように）注意してください。

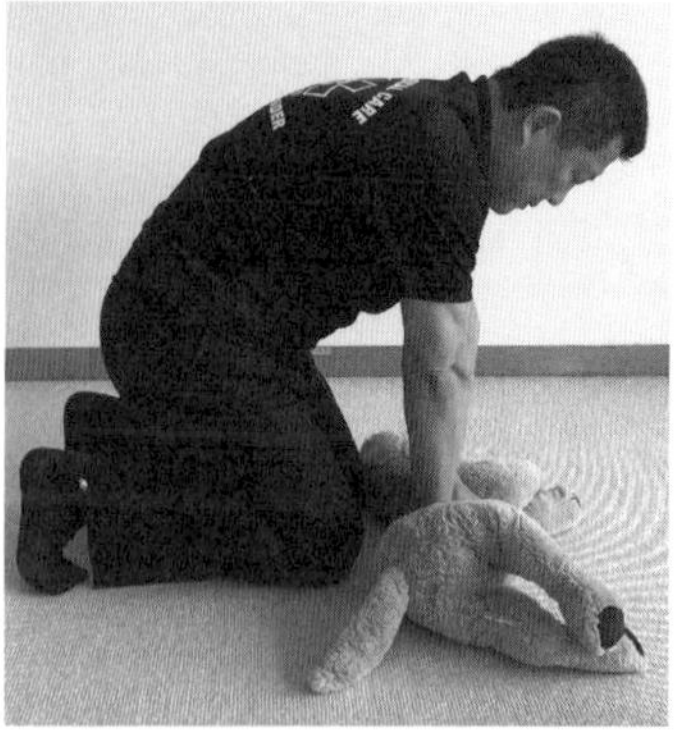

図 1-7. 胸部圧迫

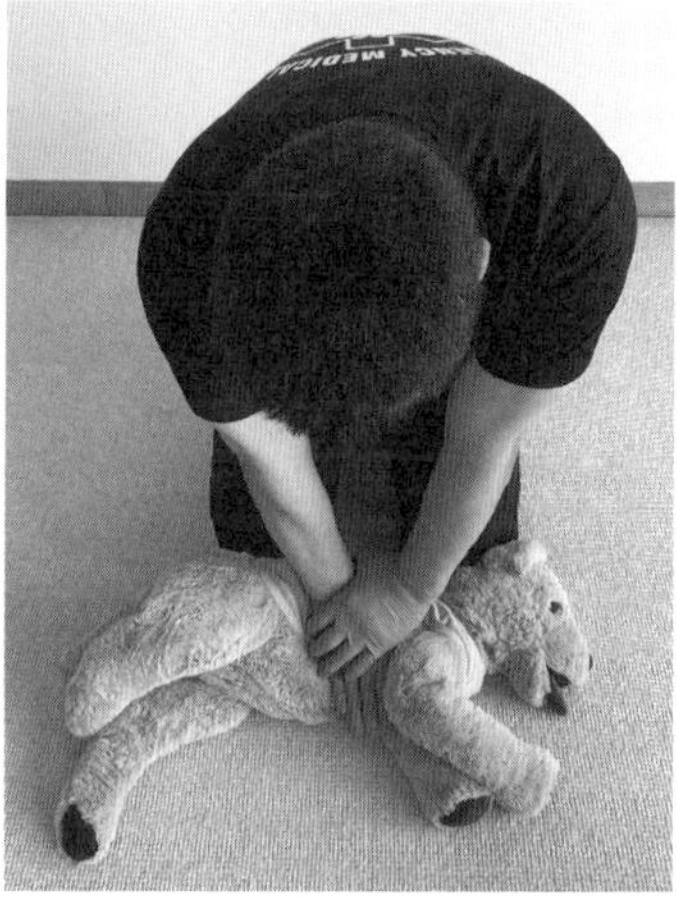

❷ 人工呼吸

人工呼吸は次の手順で行います。

ペットの首を立てずに気道を確保し、鼻に口を当ててゆっくりと肺の大きさに応じた呼気量を吹き込みます。体型によっては吹き込んだ際に胸部の膨らみが確認できますが、吹き込みすぎないように気を付けます。呼気の

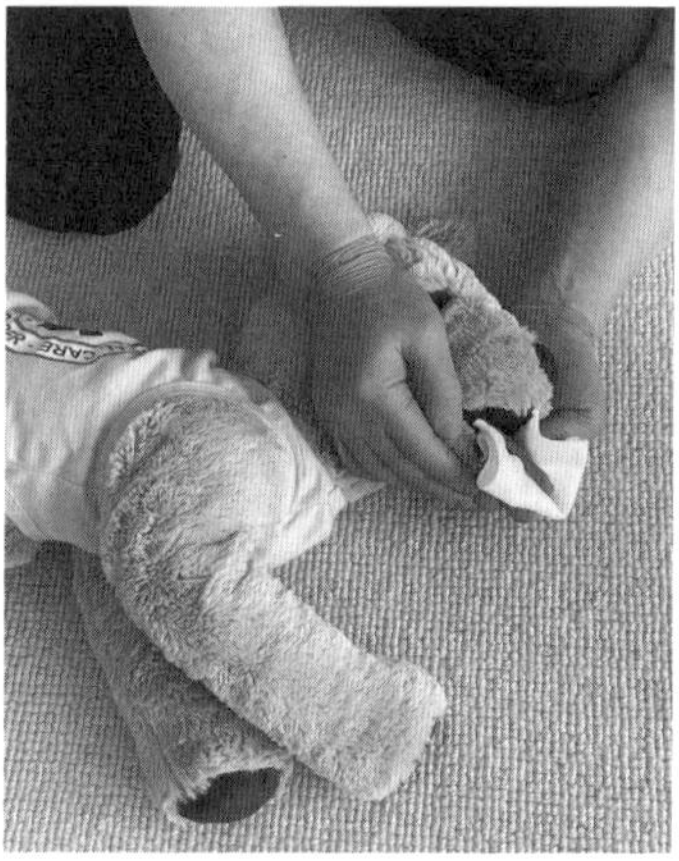

図 1-8. 舌を引き出す

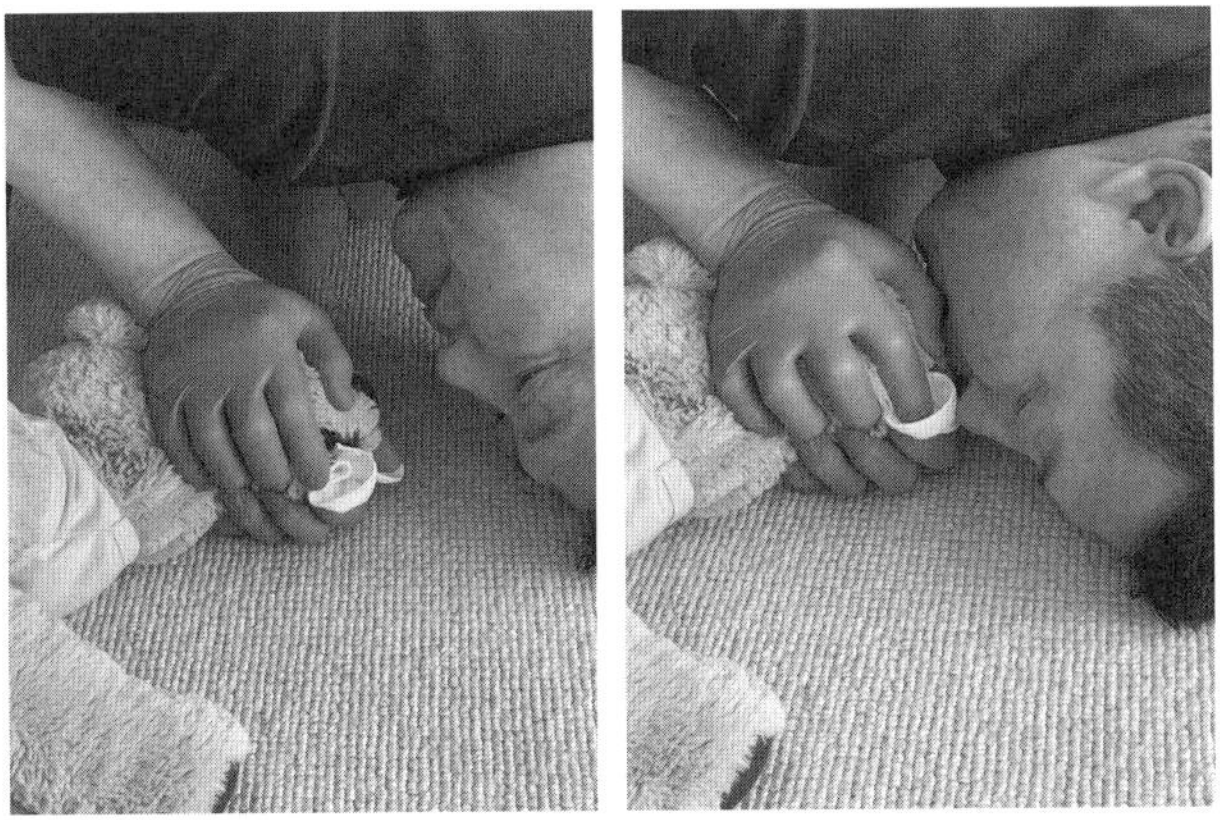

図 1-9. 人工呼吸（呼気吹き込み）

吹き込みの量については、ペットが寝ているときの胸部の膨らみを見て、普段の呼吸時の胸部の高さを観察しておくことと、ペットの呼吸を自分の肺でまねてみることで、必要な吹き込み量のおおよその目安がつくと思います。

小型犬や猫の場合、片手で気道確保し、もう片手を心臓部に当てることで心臓の拍動や呼吸運動の有無を確認できます（図1－10）。乳幼犬や子猫の場合、片手で頭部を支え、指先を重ねて胸部圧迫を行うこともできます（図1－11）。ただし、体が十分に発達しているわけではないので、押す深さに注意が必要です。また、乳幼犬や子猫への人工呼吸では、肺が小さいため、吹き込みすぎに注意します（図1－12）。

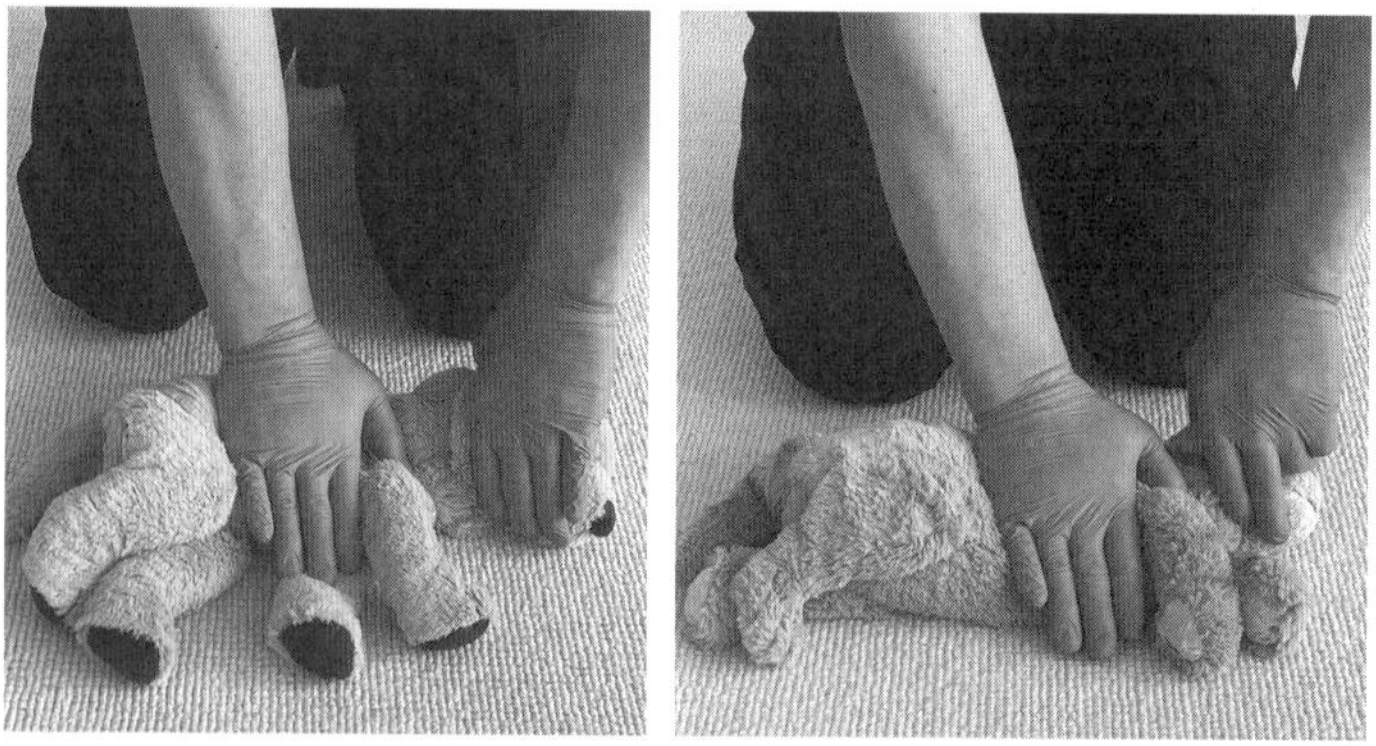

図 1-10．小型犬や猫に対する心拍・呼吸運動の確認

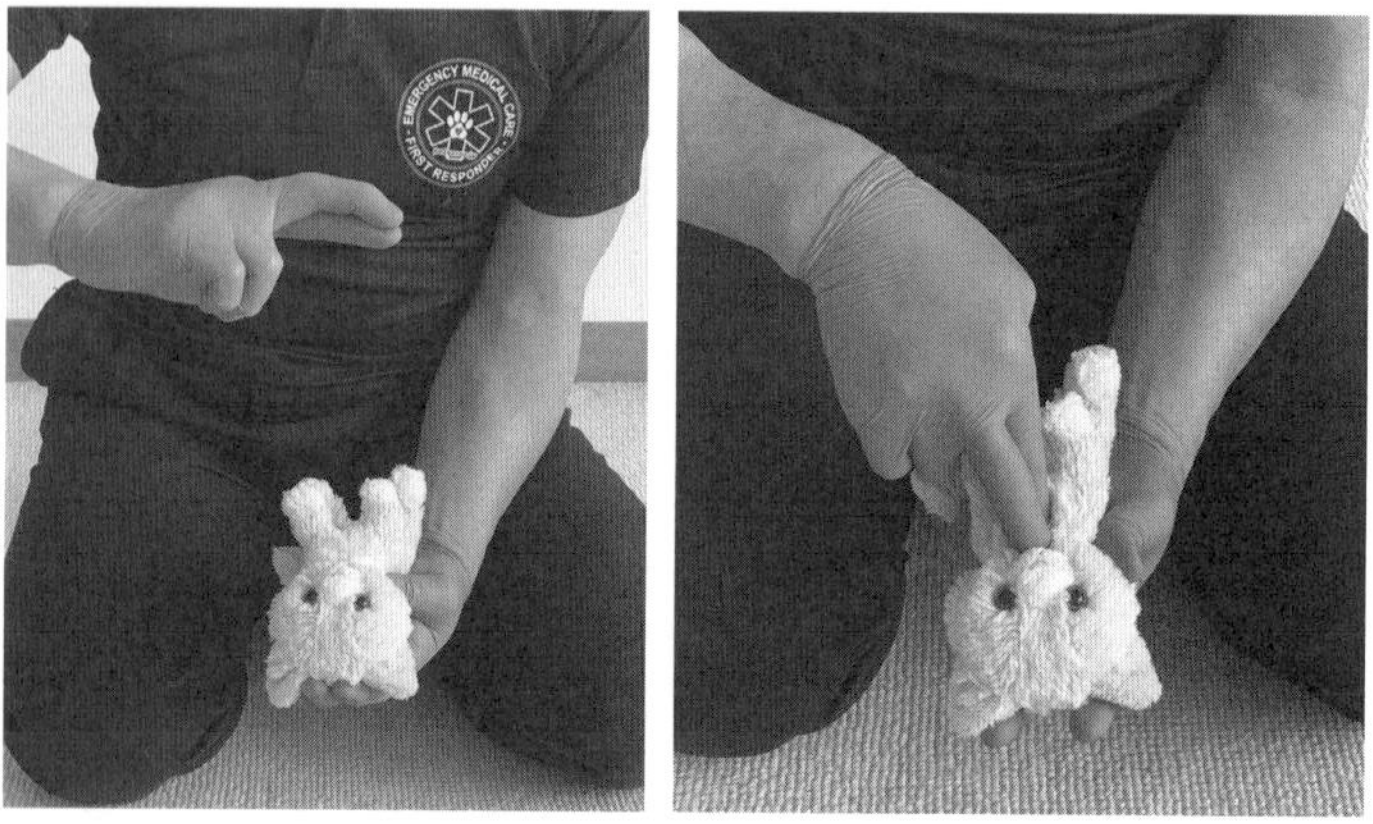

図 1-11．乳幼犬や子猫に対する胸部圧迫

図 1-12. 乳幼犬や子猫に対する人工呼吸

なお、人の人工呼吸に用いる感染防止用フェイスシールドマスクを使って口対鼻の人工呼吸を行えば、ペットの鼻に直接口を付ける必要はありません。

「胸部圧迫30回と人工呼吸2回」を5セット（約2分間）繰り返したら、再度、呼吸の確認を「6秒以内」で行います。このときに、呼吸がなければ心肺蘇生を再開します。もし、自発呼吸が十分確認できていれば、心臓の拍動が再開したと判断できるので、そこで心肺蘇生を中止します。しかしながら、呼吸が不安定な場合や、呼吸状態がよくわからない場合は、動物病院に行くまで心肺蘇生を続けてください。

●人工呼吸の注意点

・ペットの口を閉じるときには、まず舌を指でつかんで下側または横（犬歯と臼歯のあいだに出すと舌が歯で損傷しない）に引き出す。その際、布を舌に当てて指でつかむと滑らない。両手の親指でペットの鼻の全周を上下の唇が合わさるようにつかんだ（握った）後、首を背中側に反るようにして気道の確保を行う（図1－9）。

・感染症の疑いがある場合は、ガーゼやハンカチなどで鼻を覆い吸入する。

・呼気を吹き込むときには、ペットの首を立てずに実施者が床と平行になって、人工呼吸を行う。首を立てすぎると気道が狭くなってしまうので注意する。

・ペットの肺の大きさよりも多く吹き込みすぎないため、体型にあった量かどうかを胸の膨らむ動きを視認しながら行う。

・換気を十分に行い、呼気を吹き込みすぎないこと。

・胸部圧迫を繰り返す。圧迫解除（胸の膨らみの戻り）がポイント。

・胸部圧迫の深さは、側部からの胸部圧迫（胸骨が竜骨状）、中央からの胸骨圧迫（短頭犬種）ともに体幅の2分の1～3分の1。

・胸部圧迫30回、人工呼吸2回（30：2）を5セット繰り返したら、心拍と呼吸を確認する。

・タクシー（大型犬の場合は往診も検討）が到着するまで継続する。

・肥料だんごや農薬入りの化学肥料、殺鼠剤などの誤食によって呼吸が止まってしまった場合は、実施者が有毒ガスや薬品などを吸ってしまうことがあるため、人工呼吸を行わないこと。とくに異臭がする場合は要注意。

5. 搬送途中の救命処置の継続と声かけ

タクシーが到着したら、ペットの頸椎（首）を利き手の反対側の前腕で保護しながら運びます。ペットの体重が重くて抱えられないときは、家族やタクシーの運転手などに手伝ってもらいましょう。タクシーに乗ったら、シートベルトを着用して自分の体勢を安定させます。

タクシーに乗るまで、そしてタクシーが動物病院に到着するまで、可能な限り胸部圧迫を継続します。実施者がペットを抱いた状態で胸部圧迫が困難な場合は、気道確保した状態で声かけをしたり、胸腹部を強くマッサージするなど、実施者の安全の保てる範囲でできる限りのことを行います。ただし、ペットを落下させないように注意してください。胸部圧迫は動物病院に完全に引き継ぐぎりぎりまで継続します。獣医師に引き継いでも、ペットへの声かけを行い、脳への刺激を継続します。大型犬の場合は獣医師に来てもらうようにし、到着するまで救命法を継続します。来てもらえない場合は搬送することになりますが、ペットの体重が重すぎて移動中に胸部圧迫ができないようなら、無理をせず、落下させないことに注意して搬送に集中します。100%完璧にしようと考えず、できる範囲内でベストを尽くすことを考えましょう。

心肺が蘇生したこと（ペットの意識が回復、目を開けて背伸び、声をあげて鳴く、普通の呼吸の回復など）を確認できるまで続けます。また、犬であればリセッティングシグナル（頭と体をブルブルと振る行動）までは観察を続けてください。

以上が、ペットに異変が起きたときの救命法の流れになりますが、ペットセーバープログラムの講座などでよく聞かれる質問がありますので、参考としてここにまとめます。

Q ペットが倒れている体勢（左向き・右向き）は関係あるのですか？

A 左右は関係ありませんので、ただちに救命処置を開始してください。

Q ペットの種類、大きさによって圧迫の強さや深さは異なりますか？

A 異なります。目安として、ペットの体幅の2分の1～3分の1を押すことで、心臓から脳に十分な血液が送られます。

Q　小型犬や猫の場合の胸部圧迫はどのように行えばいいでしょうか？

A　小型犬や猫の場合は片手でも可能です。乳幼期の動物では、利き手の二本指を重ねて胸部圧迫を行います。

Q　短頭犬種は仰向け（仰臥位）にして胸部（胸骨）圧迫を行うと聞いたのですが……。

A　短頭犬種の場合は胸郭が樽状のため、仰向けで胸骨圧迫を行うことができます。短頭犬種への胸骨圧迫もほかの犬種と同じペースで強く、絶え間なく行ってください。短頭犬種への気道確保は首をそらせすぎないようにしましょう。短頭犬種は首が短いため、首をそらせすぎると気道が狭くなってしまいます。普段寝ているときの首の角度を覚えておきましょう。また、短頭犬種への人工呼吸は、鼻と口の両方を覆って行います。

6. 気道異物除去

ペットのなかでもとくに犬は喉に異物を詰まらせることがよくあります。小型犬では子ども用のゴム製・プラスチック製のオモチャや果物（リンゴなど）、大型犬ではテニスボールといった大きなものを詰まらせることもあります。ペットが何かを飲み込んでしまって呼吸ができない状態になると、ゼーゼーと苦しんでバタバタともがきます。そこで慌てて異物を探すために暴れるペットを押さえつけ、口の中をのぞいて指で探ったり、掃除機で異物を吸い取ろうとしたり、指や割り箸で異物を掴んで引き出そうとする行為はＮＧです。ときに異物を奥に押し込んでしまったり、人が指をケガしたり、割り箸が割れてペットの口内を傷付けるおそれがあります。

何かが喉で詰まった場合には、これから紹介する方法で、一刻も早く気道の異物を取り除く必要があります。その後、呼吸が弱かったり、止まっているようなら人工呼吸などの処置を行う必要もありますが、早めに動物病院に連れて行きましょう。

気道内の異物除去がうまくいかずにペットの意識がなくなった場合、「胸部圧迫」を行うことにより胸腔内圧が高められ、窒息の原因になっている異物が出てくることがあります。その際、気道確保のときに口の中に異物が見えた場合は、容易に取り除けるならそうしましょう。取り除ければ呼吸が再開したり、人工呼吸ができるようになります。

それでは、気道確保の方法（犬・猫共通）について説明していきます。

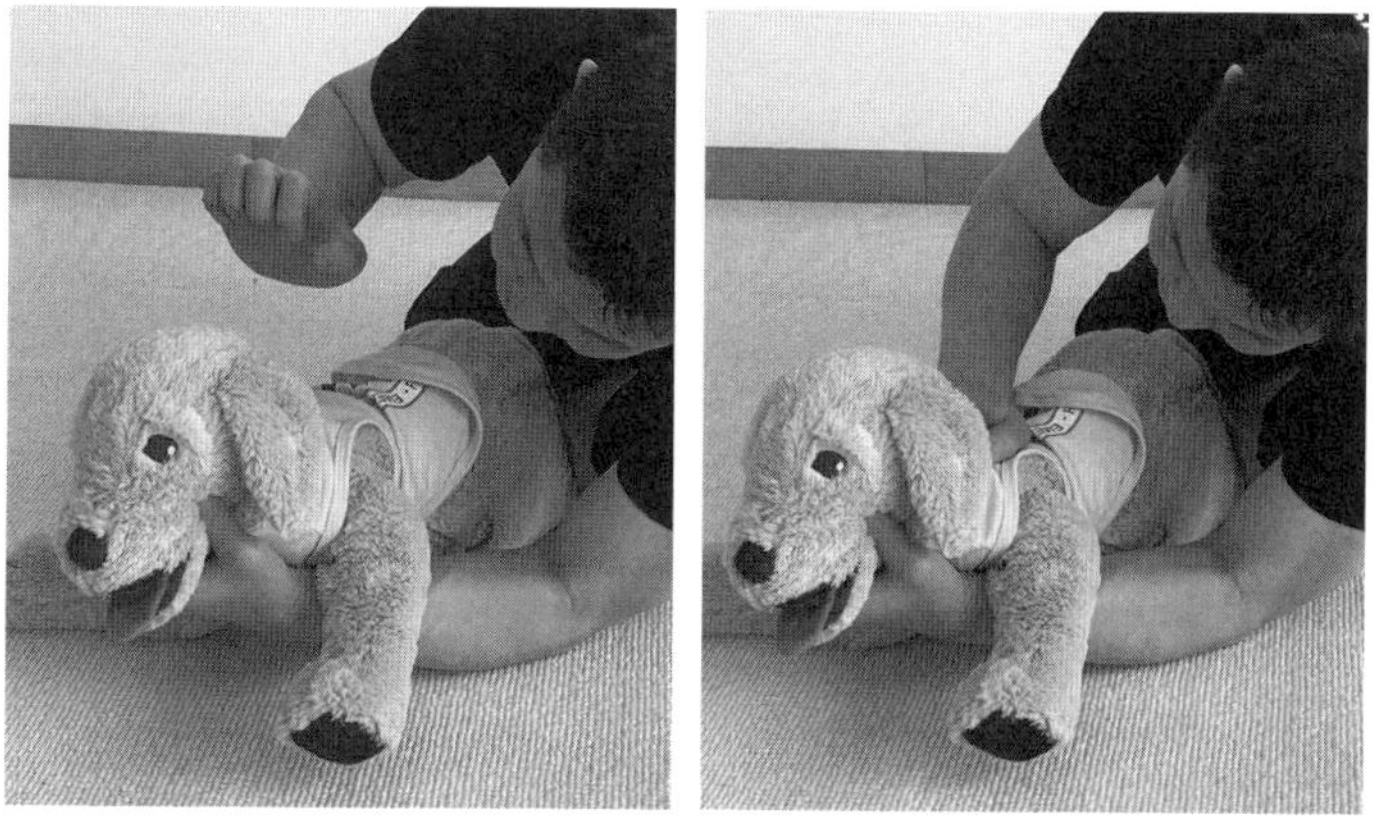

図 1-13. 背部叩打法

❶ 背部叩打法（肩甲骨のあいだを叩く）（図1－13）

気道に詰まった異物を吐き出そうとしているペットに対して、肩甲骨のあいだを5回ほど強く叩くことを繰り返し、気道内の異物を除去する方法です。ペットが咳をして吐き出そうとするタイミングに合わせるとさらに効果的です。手順は次のとおりです。

①喉に異物を詰まらせたペットの背部に座り、利き手の反対側の手をペットの前足と後ろ足のあいだから差し入れて、吐き出そうとしているペットのあごを閉じることなく軽く支える（頸椎捻挫の予防）。

②ペットの口元を（異物が出てくるかを）見ながら、利き手でペットの肩甲骨

のあいだを手根部で数回（必要回数）、強めに叩く（最初は軽く叩いてみて、出なければ強めていく）。叩く強さは、ペットの体の大きさなどに応じて調整する。

ただし、チワワ、フレンチ・ブルドッグ、ペキニーズ、ボストン・テリア、ボクサー、シー・ズー、チベタン・スパニエル、チャウ・チャウ、パグ、狆《ちん》、土佐犬などの短頭犬種は気道が短いため、真っ直ぐに喉を伸ばしてしまうと、気道を狭くしてしまうおそれがあります。そのため、少しうつむくくらいの角度の気道確保で十分です。

●実施のポイント
・猫や小型犬の場合は力を加減する。
・中型犬以上は力強く叩く。
・5回叩くごとに異物を吐き出したかチェックする。
・叩く位置は肩甲骨のあいだが効果的といわれている。

❷チェストトラスト法（胸部の両側から両手で押す）（図1-14）
気道にふさがった異物を吐き出そうとしているペットに対して、実施者が両手を大き

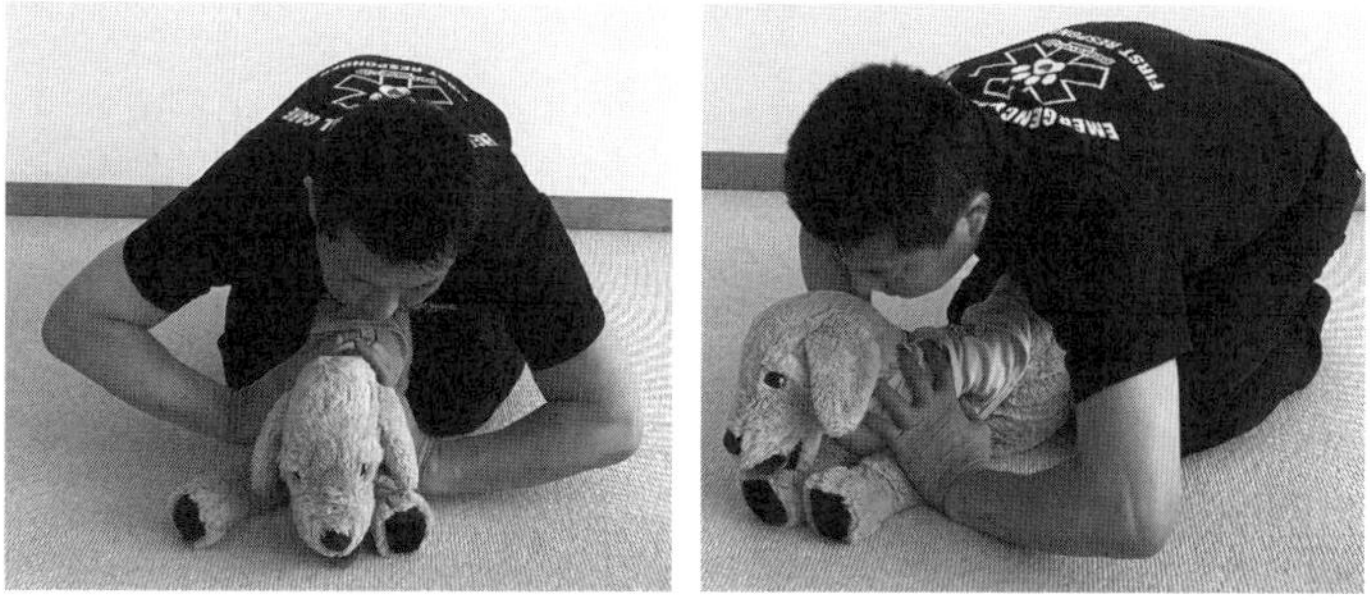

図 1-14. チェストトラスト法

く広げて手首を立て、胸部の両側から同時に強く吐き出そうとする方向へ圧迫する方法です。ペットが吐き出そうとするタイミングに合わせると効果的とされています。ペットの後ろから覆い被さるようにして、手を立てた状態でペットの胸部の両側に当てます。口元を見ながら同じ力で挟むように押すことで、体内圧が高まって吐き出しやすくなります。

●実施のポイント

・猫、小型犬には効果的だが、中型犬以上では背部叩打法、あるいは次の腹部突き上げ法（ハイムリック法）が推奨される。
・両側から両手のひらを大きく広げて肘を横に立てて、挟むように同時に圧迫する。

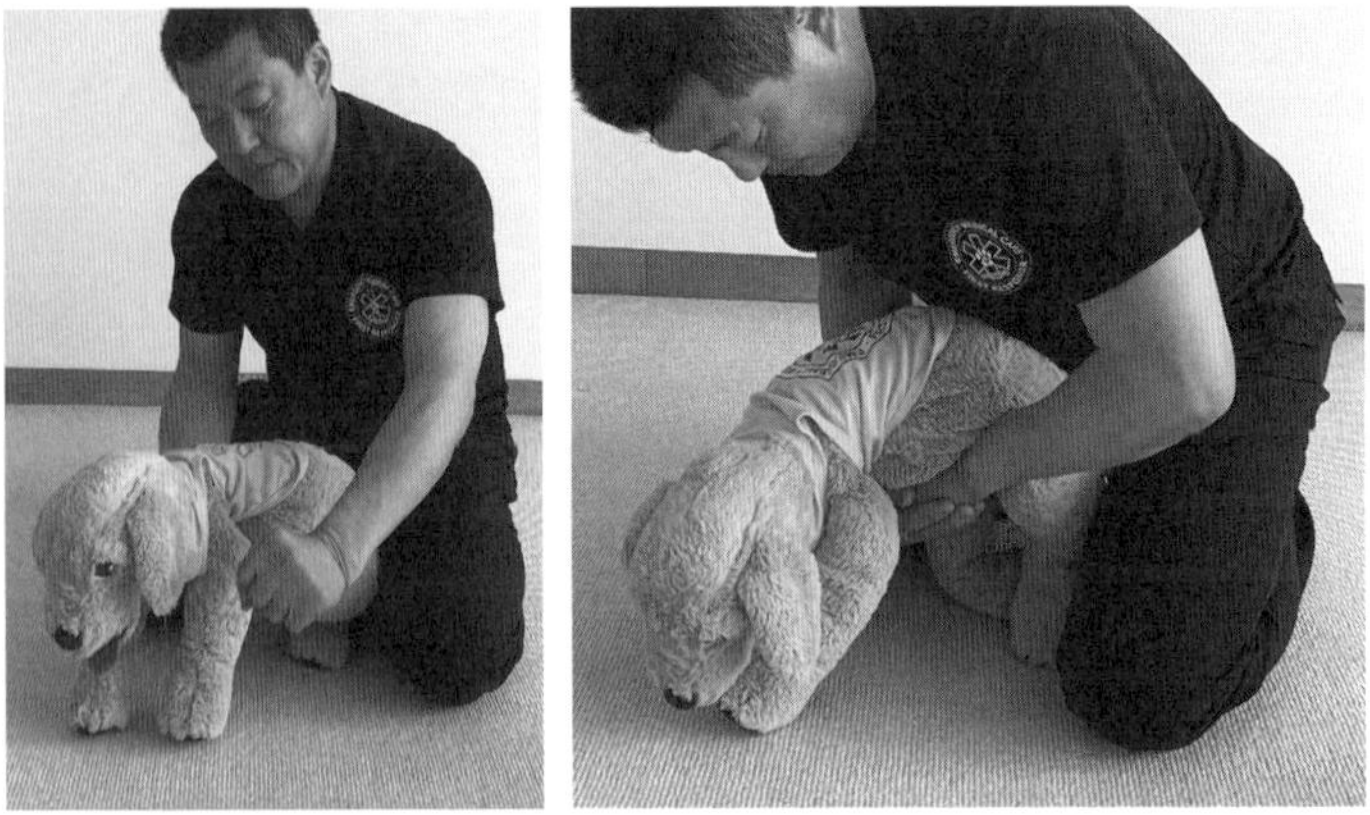

図 1-15. 腹部突き上げ法（ハイムリック法）

❸ 腹部突き上げ法（ハイムリック法）（図1-15）

気道に詰まった異物を吐き出そうとしているペットに対して、利き手の反対側の拳の人差し指と親指の面をペットの上腹部（剣状突起の下、図1-16）に当て、ペットの背中と実施者の腹部を付けた状態で、斜め上方に圧迫して、体内圧を高めて気道異物を除去する方法です。ペットが妊娠している場合は胸部の中央を突き上げます。ペットが吐き出そうとするタイミングに合わせると効果的です。

ただし、一般的に小型犬には行いません。また、未成熟のペットには背部叩打法かチェストトラスト法を実施します。

効果的に行うには、両手をペットの背後

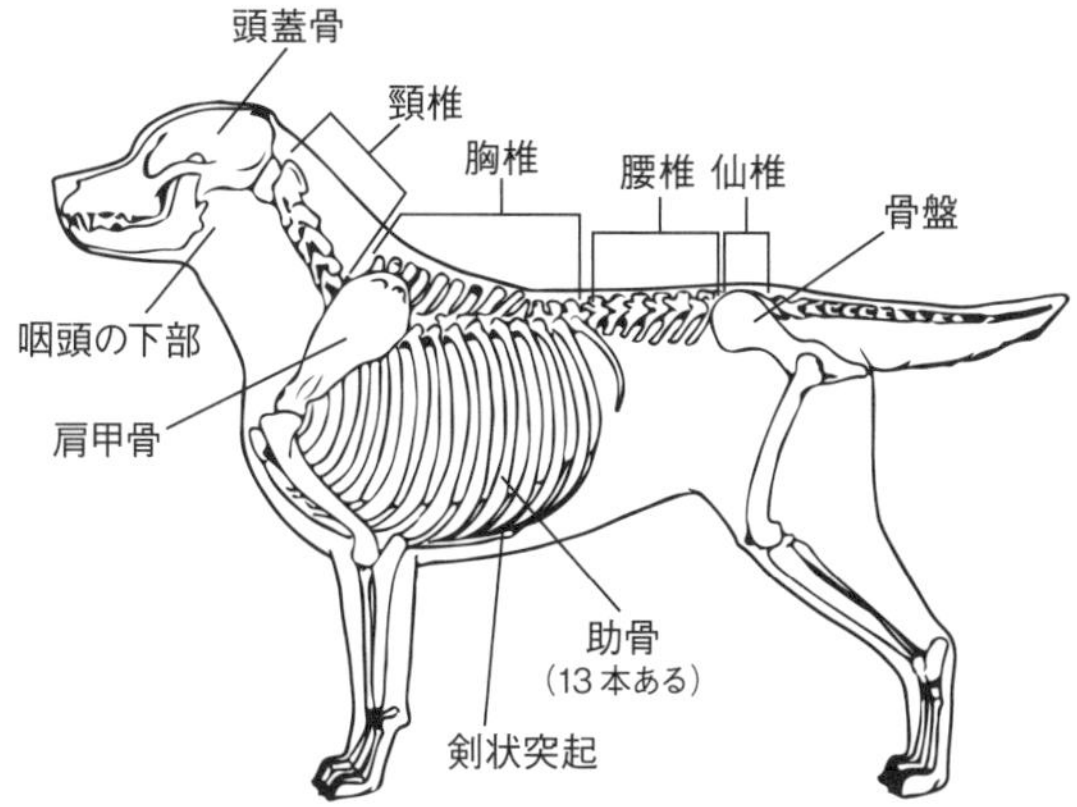

図 1-16. 犬の骨格

から脇へ通し、片方の手で握り拳を作り、ペットの上腹部（へそとみぞおちの中間部）に当てます。このとき握り拳が剣状突起や肋骨に当たらないように注意が必要です。手順は次のとおりです。

①利き手と反対側の手で握り拳を作る。人差し指と親指の面をペットのみぞおちに当てて、利き手で握り拳を覆う。
②ペットの吐き出すタイミングに合わせて、みぞおちを突き上げてサポートする。
③妊娠している犬の場合、みぞおちではなく、胸部を突き上げてサポートする。

なお、異物が除去できたとしても、気道などを損傷している可能性もあるので動物病院を受診しましょう。

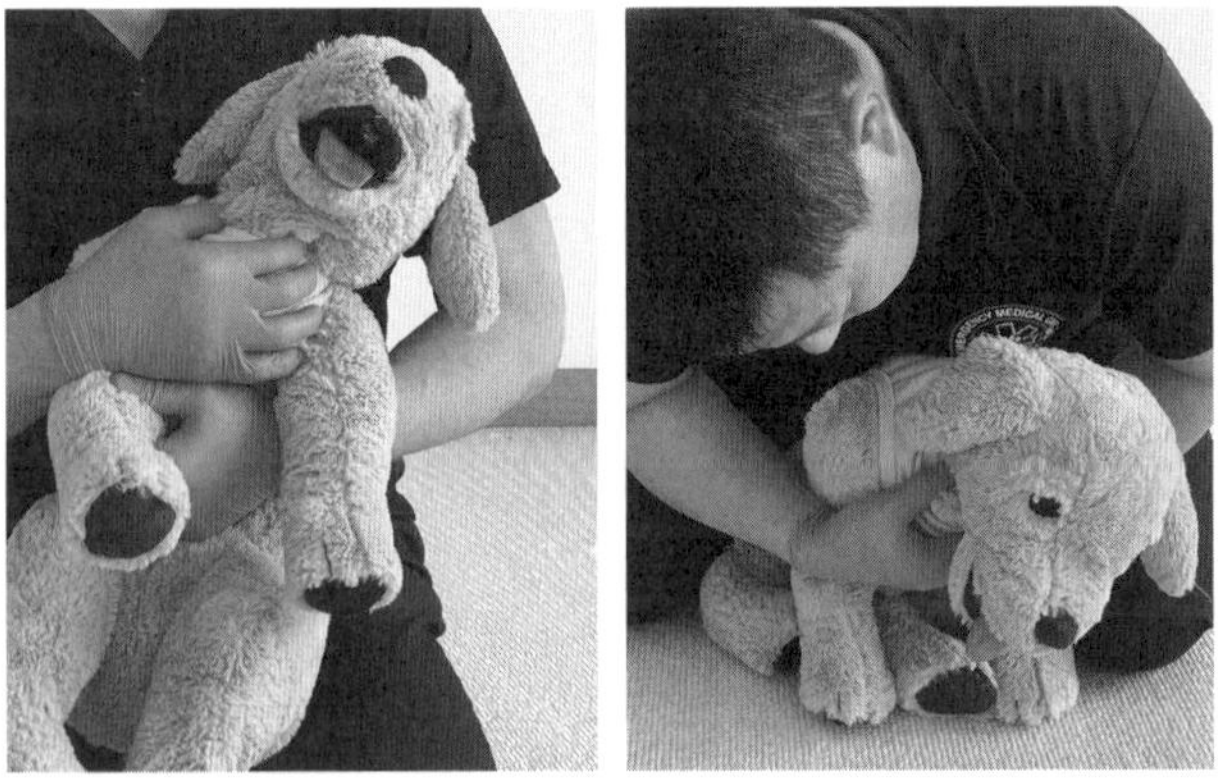

図 1-17. 咽頭（催吐）反射法
左：咽頭の位置、右：咽頭を指で押しているところ。

●実施のポイント

・ペットの後ろから密着（実施者の腹部とペットの背中を付ける）して行う。

❹ 咽頭（催吐）反射法（ボミティングリアクション）（図1−17）

気道に詰まった異物を吐き出そうとしているペットに対して、利き手を咽頭部、利き手の反対側の拳の人差し指と親指の面をペットの上腹部（剣状突起の下）に当て、ペットの背中と実施者の腹部を付けた状態で、斜め上方に圧迫して、体内圧を高めて気道異物を除去する方法です。咽頭の一番下の部分（図1−16、17左）を指で挟むように押すと、すばやく吐き出させることができます。

●実施のポイント

・首輪を引っ張りながらすばやくこの方法を行うことで、異物を飲み込む可能性が低くなる。

❺犬・猫・乳幼期の動物に対する気道異物除去方法

利き手と反対側の前腕の内側を上に向けます。その上にペットを腹ばいにさせ、ペットのあごを指二本で広げて支え、口元を見ながら背部叩打法を行います。または、床に腹ばいにさせて口元を見ながら、❷のチェストトラスト法を行います。

●実施のポイント

・気道異物除去のタイミングが遅いと窒息して、意識を失ってしまう。

・背部叩打法とチェストトラスト法だけでなく、中型犬以上であれば腹部突き上げ法を行うこともできるが、いずれにせよ体の大きさに応じて実施法や叩く力や圧迫する力を加減することを忘れないことが重要。

・ペットの咳き込むタイミングをよく観察する。

❻ 気道異物除去中に反応がなくなったペットに対する救命処置

脈が感じられる場合、心臓の鼓動がある場合は、口対鼻の人工呼吸のみを行ってみます。もし異物が邪魔して呼気が入らないようなら心肺蘇生法をためらうことなく迅速に行い、かかりつけの動物病院や近くの緊急対応ができる動物病院への搬送手配を行います。注意点として、心肺蘇生中に気道異物が出てきたら指などで取り除きます。また、口の中に異物が見えない場合は、指を突っ込んで無理に探してはいけません。異物を奥に押しやってしまわないように注意が必要です。

●実施のポイント

・胸部圧迫中に異物が出てくる場合があるため、口元を見ながら行う。

❼ 異物を喉に詰まらせないために

気道（喉）に異物が詰まる原因はさまざまですが、窒息事故のほとんどは予防することができます。具体的には喉に詰まらせる大きさのもの、噛んでいるうちにばらばらになってしまうものを与えない、置きっぱなしにしない、ということです。とくに子犬は何でも噛んでみて認識しようとする本能が働くので、子犬の周りの環境には十分注意しましょう。

また、離乳したてのころ、あるいは高齢や病気のためにうまく嚥下できないペットへの給餌は、食べものを飲み込みやすい大きさに細かく切る、やわらかくする、流動食にするなど工夫してください。誤嚥や窒息事故が起こらないように様子を見ながらゆっくり与えましょう。できれば、食べ終わってからも30分くらいは目を離さず見守ってあげてください。

●ポイント

・気道に異物を詰まらせないよう、つねに次のような異物となる要因を排除し、予防に努めることが大事。

［異物の例］ビニール袋に入ったトリーツ（ごほうびとして与えるおやつ）、噛み砕いたオモチャなどの破片、熱でやわらかくなる骨型のソフトキャンディー類、テニスボール、リンゴ、靴下・下着など。

4 応急処置と日常での危険への対応

応急処置とは、心臓や呼吸が止まるなどの命の危険にさらされてはいないものの、ケガなどが悪化したり、感染が広がる可能性があるときに必要最低限の処置を行うことです。さまざまな方法や活用できる最新の医療品がありますが、ここでは一般家庭の救急箱にありそうな包帯やガーゼを使った方法を紹介します。また、これから説明していく各種の応急処置を行うにあたっては、感染防止のため手袋の装着を心がけましょう。ペットの血液、体液、嘔吐物などにふれる可能性がある場合は感染防止用手袋を装着し、自分やほかのペットへの感染を予防します。感染防止用手袋の装着は簡単ですが、外すときには利き手と反対側の手袋の甲部分をつまみ、飛沫などが自分にかかったりしないように手から外して、反対側の手で丸めて持ちます。片方の手袋を外したら、手袋の手首の内側部分に指を差し込み、汚れている部分が内側になるようにしながら手袋を外します。その後、最初に外して丸めた手袋を内側に入れた状態にして、ゴミ箱に捨てます。

1．止血法

包帯法や止血法は、動物病院に搬送する前に施す応急処置です。まず傷口を水で洗い、雑菌を落として軽く叩くようにふき取ります。ガーゼや包帯を使って、ケガの悪化を予防したり、止血によって血液の流出を止めることが目的です。

もちろん、体型など個体差によって、必要なガーゼの大きさや包帯の長さが異なったり、飼い主やペット関連事業者が普段使っている道具によっても応急処置の応用の仕方が変わってきますので、ここではあくまでもひとつの方法として紹介します。必ずしもこの方法が正しいというわけではなく、参考にしていただき、ペットの種類や負傷部位に応じて工夫してみてください。

❶ 咬傷防止

ペットがケガをして体の一部から出血した場合、応急処置をする前に噛まれないよう、「咬傷防止」として、エリザベスカラーやマズル（口輪）、ペット用咬傷防止マスクなどを使用します。咬傷防止処置を行ってから、止血やケガをした部位の悪化予防処置を行います。

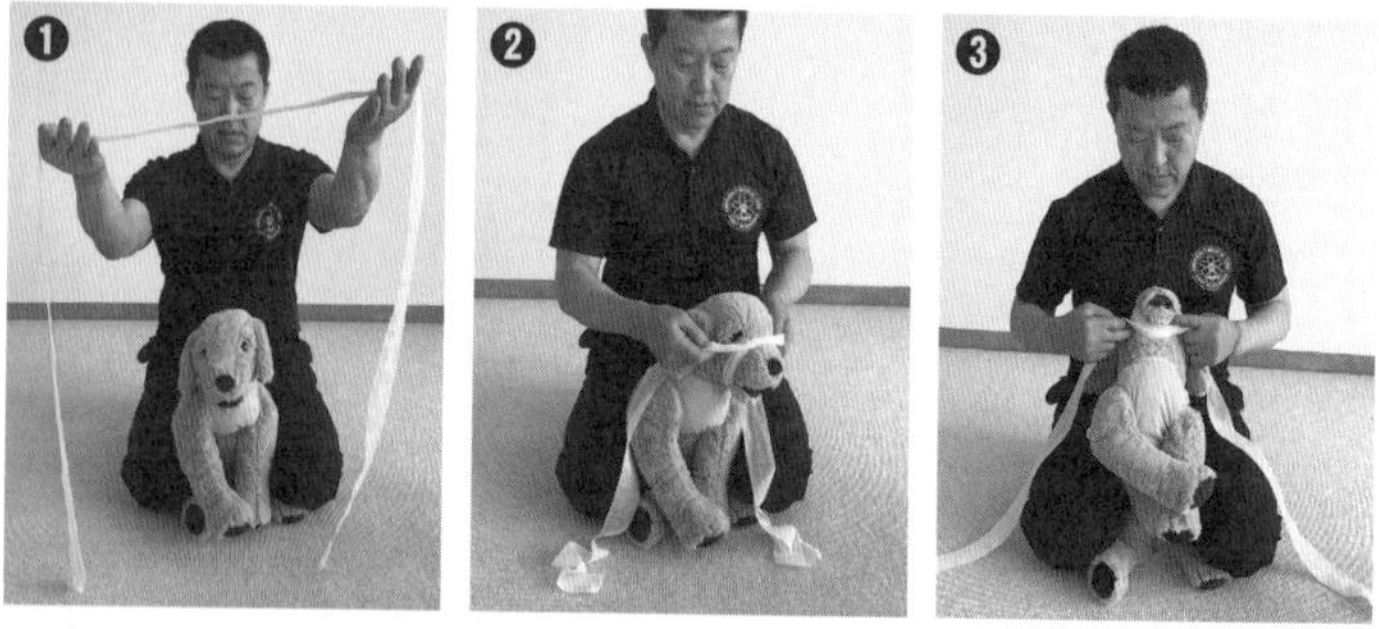

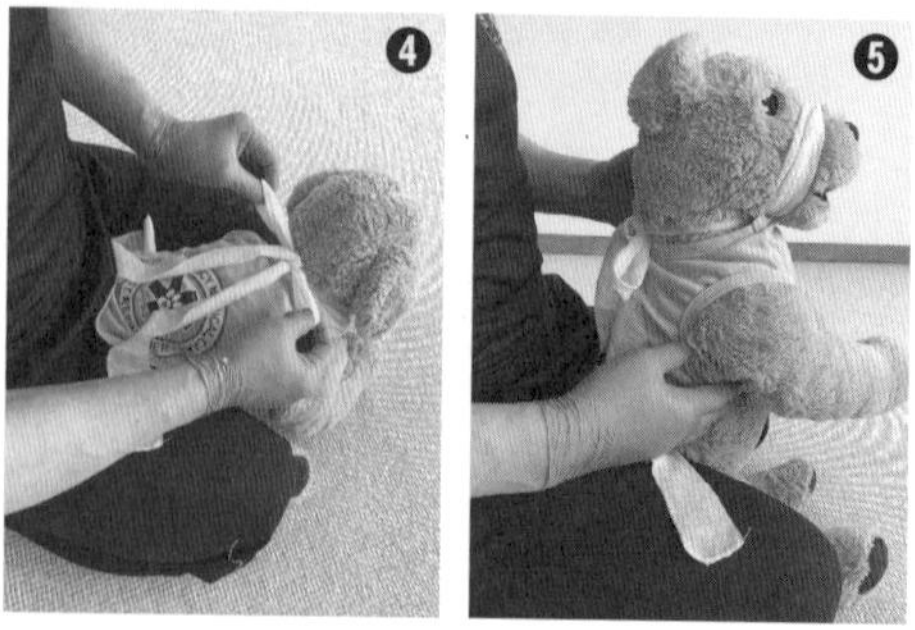

図1-18　綿包帯によるマズルの作り方

①長さ1mほどの包帯の中央部（約30㎝幅）を両手で持つ。
②一重結びを作り、あごから鼻に掛け、鼻腔の上で口が開かない程度に結ぶ。強く結んでしまうと鼻呼吸ができなくなるため、噛まれないための処置として口が開かない程度に調節する。
③包帯の両端末をあごの下で交差させる。
④包帯の両端末を後頭部で蝶結びする。
⑤できあがり。

●綿包帯によるマズル（口輪）の作り方

エリザベスカラーやマズルがない場合は、綿包帯を使って噛まれないようにする方法がありますので、手順を図1-18に示します。

なお、首から上に包帯を施

す場合は必ず綿包帯を使用してください。伸縮包帯は鼻腔や喉頭をきつく締めすぎて、窒息などの事故を起こすことがあるため、用いてはいけません。

❷ 止血の対象

大量出血を起こしているペットは数分で出血死に至ることがあるので、できるだけ早く止血の手当をしなければなりません。出血の危険度は、出血の量と速さによります。動物種に関係なく体重の約13分の1が総血液量になります。血液の比重を1とすると、たとえば体重2.6kgのトイ・プードルの総血液量が200cc、体重1.3kgのチワワに至ってはわずか100ccという目安になります。体内の血液の20%が急速に失われると出血性ショックという状態になり、30%を失えば生命に危険が及ぶといわれています。出血量が多いほど、また出血が激しいほど、止血の手当を急ぐ必要があります。

❸ 直接圧迫止血法

止血の基本は圧迫であり、出血部位を清潔なガーゼや布で強く押さえる直接圧迫止血法が最も効果的です。

❹ケガに対する応急処置

止血が必要なケガに対する応急処置をいくつか紹介していきます。

●犬や猫がほかの動物に耳を噛まれたときの止血と包帯処置

ポイントを図1-19に示します。

●肉球をケガした場合の応急処置

ポイントを図1-20に示します。

●手根側部をケガした場合の応急処置

ポイントを図1-21に示します。

❺間接圧迫止血法（止血点圧迫止血法）

間接圧迫止血法とは、動脈性出血（血液が傷口から勢いよく噴き出している状態）など、出血が激しい場合（直接圧迫止血法でも効果がないとき）に適用となる止血法です。たとえば、足からの出血の場合、出血している部位より心臓に近い部位の止血

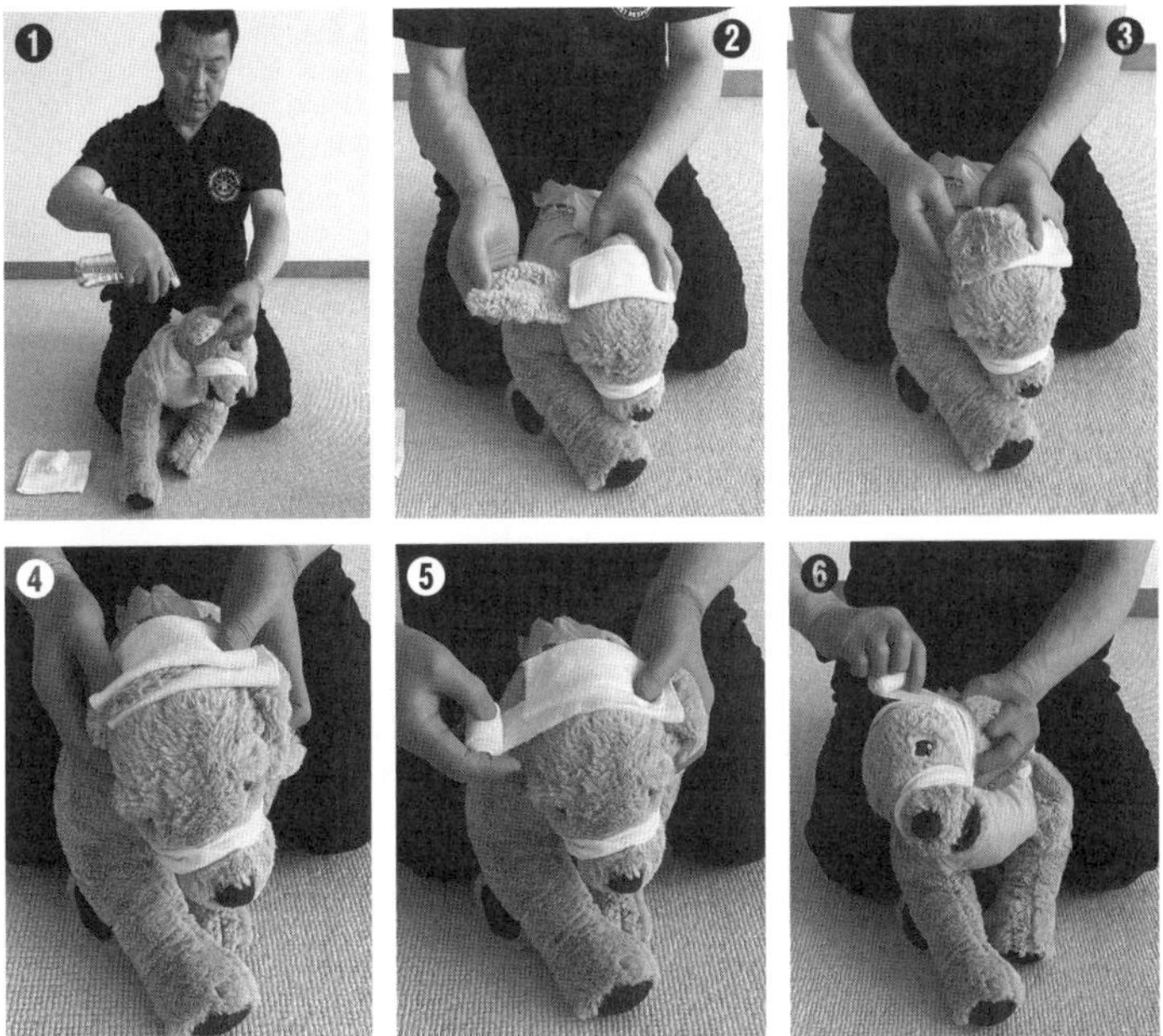

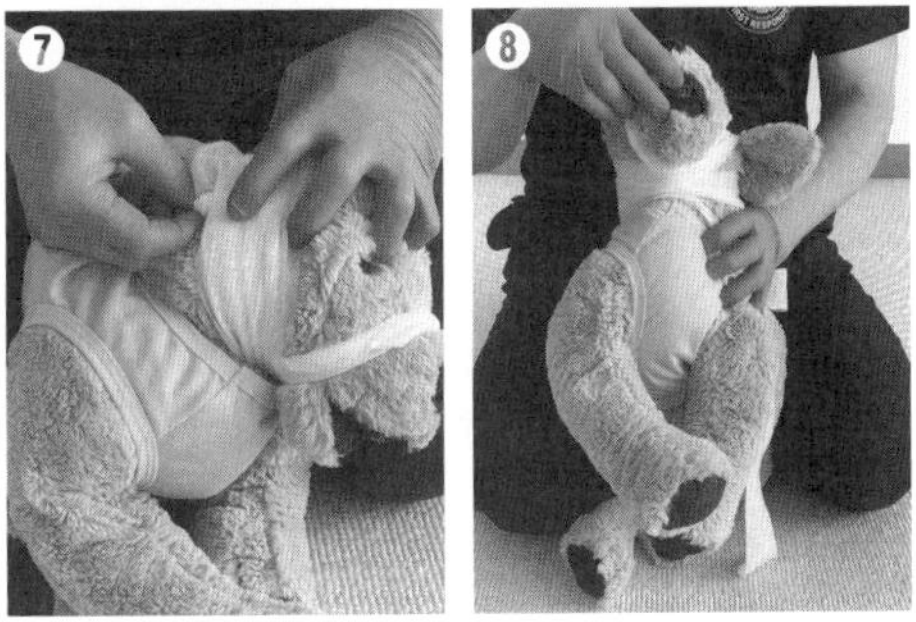

図1-19　耳を噛まれたときの応急処置

①噛まれた耳を水で洗って、傷口を悪化させないように注意しながら軽く叩くように水をふき取る。
②頭の上にケガした耳を十分に保護できる大きさの清潔なガーゼを置く。
③ガーゼの上にケガした耳を乗せる。
④もう1枚のガーゼをケガした耳を挟むようにあてがう。
⑤ケガした耳をガーゼで挟んだまま、綿包帯を施す。
⑥反対側のケガをしていない耳を挟むように綿包帯を交互に巻いていく。
⑦包帯の最後の端は巻いた包帯の内側に入れる。
⑧首が絞まりすぎていないか確認する。包帯を施した後は、ペットから目を離さないようにする。

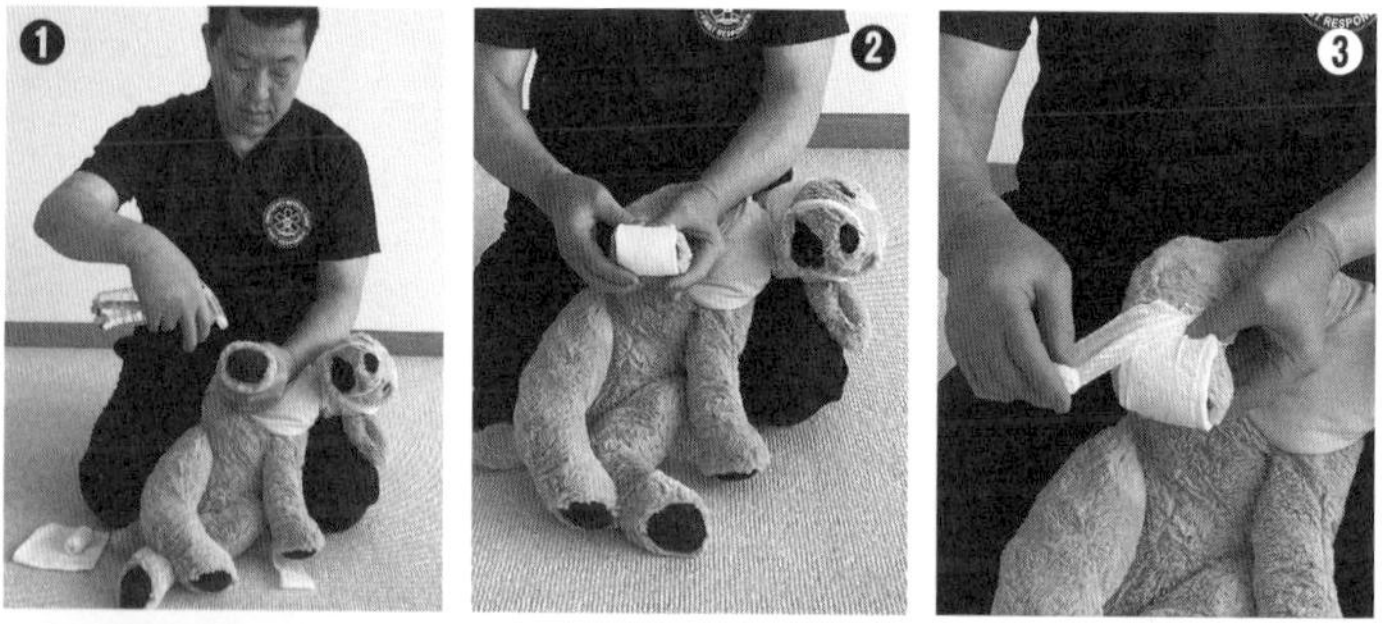

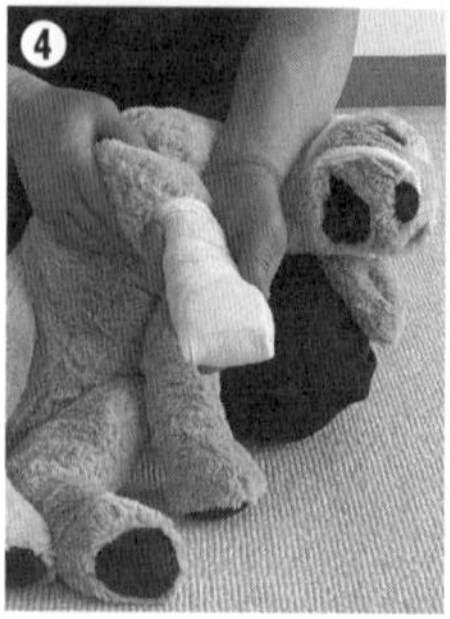

図1-20　肉球をケガしたときの応急処置

①ケガをした肉球を水で洗って、軽く叩くように水をふき取る。
②ガーゼを長方形に折って、爪を被せないように肉球を覆う。
③足と同じ縦方向に沿って、包帯を２往復くらい巻く。
④足に沿って２往復した後、末端部分から肘の方向へ包帯を巻いていく。伸縮包帯は締まりすぎることがあるので、使用する場合は強く巻きすぎないように注意する。

図1-21　手根側部をケガしたときの応急処置

①傷口を水で洗って、軽く叩くようにふく。とくにほかの犬などに噛まれた場合は、歯に付着していた雑菌による感染が起こることがあるため、水でよく洗う。
②出血が止まらないようであれば、ガーゼを傷よりも少し大きく折りたたんで軽く握り、圧迫止血する。可能であれば、傷口をペットの心臓よりも高い位置に保持しながら行う。
③縫合が必要だと判断したら、動物病院を受診するまでの処置として、圧迫止血したガーゼの上から伸縮包帯を巻く。このとき、強く絞めすぎないように注意する。肉球が膨らんできたら包帯の絞めすぎであるため、少し緩める。

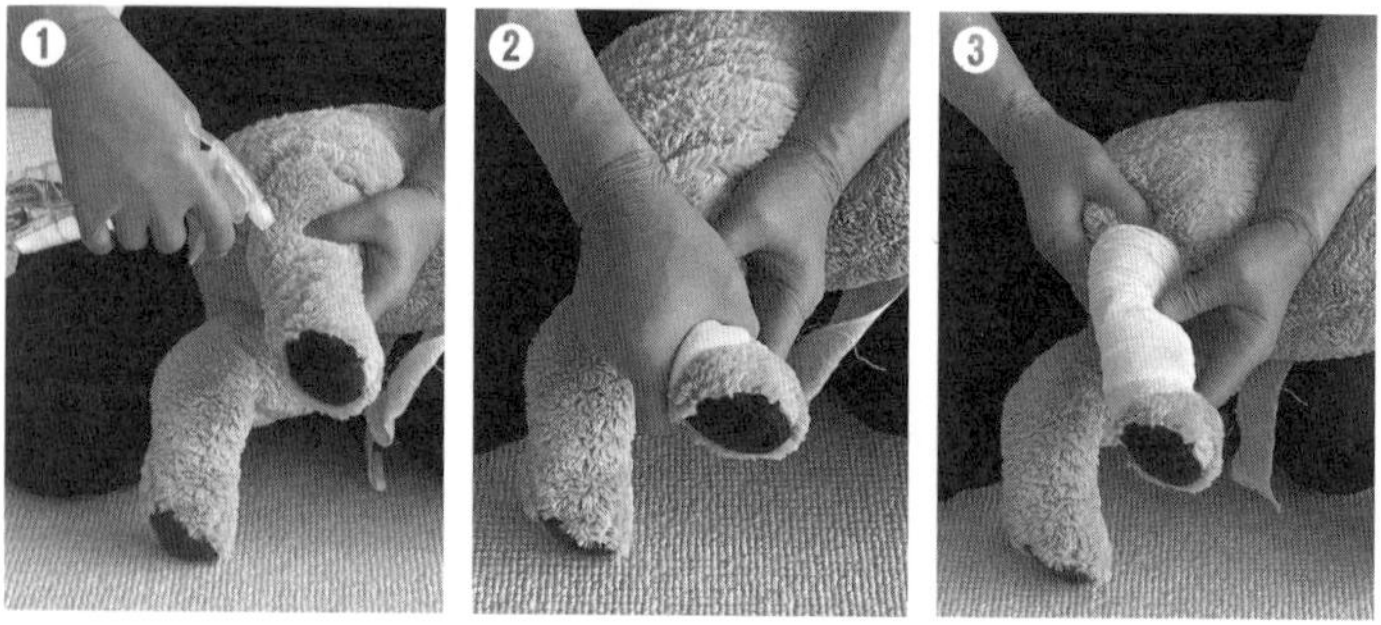

点（動脈）を手や指で圧迫して血流を遮断して止血します。その処置を行いながら、出血部位に用いるガーゼや包帯を準備します。

2. 骨折時の処置

骨折は体のいたるところにさまざまな要因で起こりますが、動物医療従事者以外の一般の飼い主やペット関連事業者にできることは、「噛みつかれないこと」「さらに悪化させないこと」「動物病院にできるだけ早く安全に搬送すること」の3つです。

足の骨折の場合、骨折部が変形している場合は図1－22のように体幹を保定し、タオルなどでペットの体全体を包みます。負傷した部位をできるだけ動かない状態にして、搬送中は振動が伝わらないように配慮し

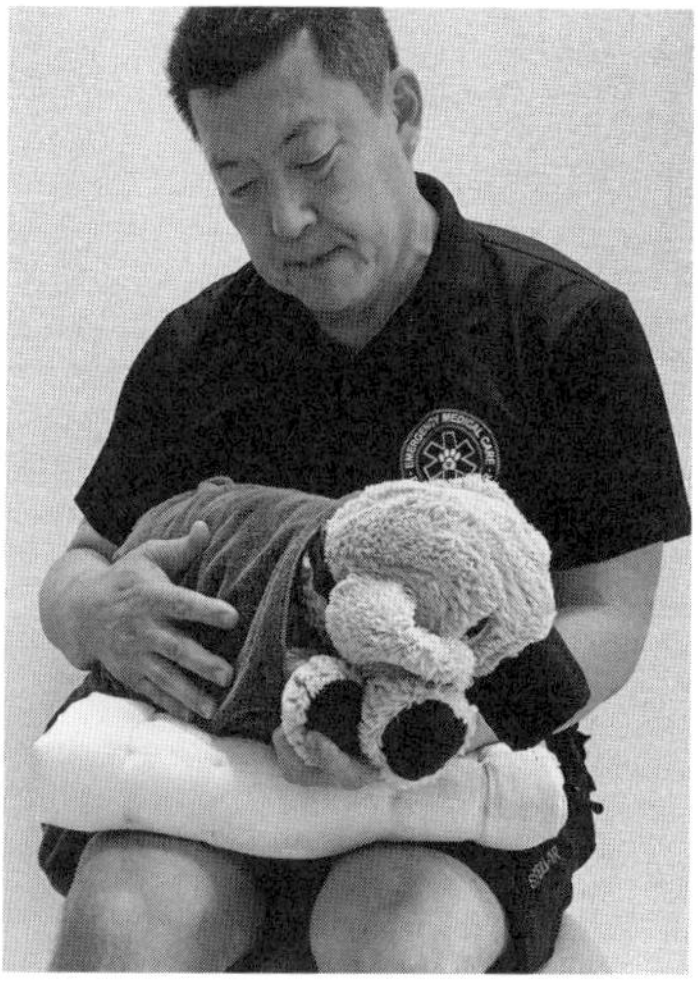

図 1-22. 足の骨折時の保定法

ます。

開放骨折など骨が皮膚から飛び出ている場合は、傷口に土などの汚れがあれば、水道水で洗って軽く叩くようにふきます。傷口を軽く保護するようにタオルを四つ折りにするなどしたクッションを当てた状態にして、タクシーなどで動物病院まで安全に移動します。

3. アナフィラキシーショック

アナフィラキシーショックは食べもの、薬、昆虫や爬虫類の毒などによって引き起こされます。症状が現れるのは、原因となる物質の摂取または侵入から数秒から数分（1時間以内）が大半です。ただし、食物が原因のアナフィラキシーショックは、食後30分以上経ってから症状が現れることもよくあります。

アナフィラキシーショックの主な症状は次のとおりです。
・頻呼吸（呼吸の回数が増加する状態）、呼吸困難（ゼーゼーする）
・舌の腫れ
・喉の腫れによって気道が狭くなる

・発声障害、かすれ声
・咳が止まらない、喘鳴（呼吸に伴ってゼーゼー、ヒューヒューという音が聞こえる）
・失神
・ふらつき、立てなくなるなど力が入らない
・震え
・脈が早くなる（頻脈）
・じんましん
・発赤（皮膚が赤くなる）
・嘔吐、下痢
・ぐったりする、意識障害
など。

低血圧性のショックや呼吸困難が見られるようなアナフィラキシーショックでは、すぐに治療しないと1時間以内に死亡することもあるといわれています。アナフィラキシーショックが疑われたら、すぐに動物病院に連れて行きましょう。アナフィラキシーショックは、とくに二度目の症状が重くなりやすいので、一度発症した原因物質

は、それ以降避けることが重要です。アナフィラキシーショックの原因となる物質が、思わぬ形で食物の中などに含まれていることもあるので注意しましょう。

アナフィラキシーショックを起こしうる主な原因物質は次のとおりです。

・昆虫や爬虫類の毒（ハチ、ヘビなど）。
・薬剤（ワクチン、ホルモン剤、抗菌薬、非ステロイド性抗炎症剤、麻酔薬、鎮静剤、抗がん剤など）。
・食物（牛乳、卵白、柑橘類、チョコレート［中毒を起こすため、そもそも与えてはいけない］、穀物など）。

4. やけど

家庭内でも重大なやけどが発生しています。たとえば、台所で鍋やスープ料理を調理した後、テーブルに運ぶことがあると思いますが、その際にペットが足にまとわりつき、飼い主がつまずいて熱い鍋をひっくり返すなどの事例です。多くの場合、ペットはうまく回避しますが、逃げることができなかったら大量の熱い液体がかかって体表面積の大部分をやけどしてしまいます。また、飼い主も足や腿をやけどしたり、熱い液体がかかったペットを慌てて素手で抱き上げて、両手のひらをやけどしてしまうケースもあるようです。

応急処置としては、動物病院への搬送前にできるだけ早く、熱い液体がかかったと思われる部位全体を水道水（流水）で15～30分以上冷やすことが挙げられます。やけどの進行を止め、痛みも押さえることができます。ペットが衣服などを着ているとき、慌てて脱がせると冷やし始めるのが遅れてしまい、熱の作用が持続してより深いやけどになることがあります。また、水疱が破れて痛みが強くなることがあるので、衣服の上から大量の水をかけて冷やすことが重要です。

5. 熱中症

熱中症（熱射病、日射病）は、蒸し暑い室内や車内での留守番、暑さが厳しいなかでの散歩や運動などが原因で発生します。急激な体温の上昇により、初期にはあえぎ呼吸（パンティング）、よだれ（流涎）といった症状が現れ、虚脱や失神、筋肉の震えが見られたり、意識が混濁し、呼びかけにあまり反応しなくなったりします。さらには、完全に意識がなくなったり、全身性のけいれん発作を起こしたりすることもあります。症状がかなり進行すると、吐血や下血（血便）、血尿といった出血症状が見られます。酸素をうまく取り込めないためチアノーゼ（皮膚や粘膜の青紫色変化）を引き起こしたり、最悪の場合はショック症状を起こし、命に関わることもあるのです。

犬の場合は汗腺が主に肉球にしかなく、人のように発汗による体温調節がほとんどできません。したがって暑くなると、舌を出してハァハァと速く浅い呼吸（パンティング）を行い、唾液を蒸散させ、気化熱で体温を下げようとします。体温調節のほとんどを呼吸に頼らざるを得ないため、人よりも高温多湿の環境に弱く、とくに水を十分に飲めない場合は熱中症になりやすいといえます。

熱中症にかかりやすいペットの特徴は次のとおりです。

【犬の場合】

・短頭犬種（シー・ズー、ペキニーズ、パグ、ブルドッグ、ボストン・テリア、ボクサーなど）。
・北方が原産（シベリアン・ハスキーやサモエドなど）。
・短足（ダックスフンドやコーギーなど）。
・子犬や老犬、太っている犬。

・心臓や呼吸器が弱い犬。
・産後、病中、病後の犬。

【猫の場合】

・鼻が低い品種（ペルシャ、エキゾチックショートヘア、スコティッシュフォールドなど）。
・被毛の厚い長毛品種（ペルシャやメインクーンなど）。
・子猫、老猫、太っている猫。
・心臓や呼吸器が弱い猫。
・病気の猫。

❶熱中症に対する救急処置

熱中症の症状が見られたら、すばやい対処が必要となります。ペットの状態をよく観察しながら、次のような処置を行うことが最重要となります。

・冷たい飲料水（自動販売機やコンビニなどで買えるお茶やジュースでも可）のボトル、冷凍庫にある冷凍食品、ビニール袋に入れた氷などを、体の内側（おなか側など毛が薄い部分）や胸腹部、脇の下、鼠径部など太い血管（動脈）がある部分に当てて冷やす。

・体の外側、頭や首、背中から腰部分は、冷たすぎない水道水など、常温の水で冷やす。急速に冷やすと、毛細血管が収縮して体内に熱を閉じ込めてしまうため、氷などは使わない。

・自宅内であれば、冷水で濡らしたタオルを体にかけたり、風呂場や流し台で体全体に常温の水をかけるなどして、急いで体温を下げることが重要。検温できる場合は、体温を下げすぎない（39℃以下にしない）ように注意する。

・外出時に熱中症の疑いで倒れた場合は、ペットが抱えられる大きさであれば、抱きかかえて搬送する。抱えられない体重の場合は誰かに日陰への移動を手伝ってもらい、体温を下げる処置を行いながら、かかりつけの動物病院に電話し、「熱中症の疑いがある」ことを伝えた上で、タクシーなど安全な手段で搬送する。

体温が下がって症状が落ち着いていても、油断は禁物です。見た目は平常に戻っていても、体内の循環器やその他の臓器がダメージを受けている可能性がありますので、熱中症が疑われる症状が出たら、必ず動物病院を受診するようにしましょう。

❷予防が大事

熱中症を予防するには、次のことに注意してください。

●家の中で留守番させる場合

ペットの種類によっても個体差がありますが、一般的にペットが快適に過ごせる気温は22℃、湿度は60％とされています。これを目安として、室温25～26℃、湿度は50％くらいになるようエアコンで調整しましょう。室内の風通しに気を付けるほか、留守中はカーテンなどで直射日光による室温上昇を避け、エアコンをドライ（除湿）モードでつけておくなどして室温や湿度を調整します。

ケージに入れる場合は、設置場所に注意します。窓際はエアコンをつけていても高温になりますし、逆にエアコンの向かいは冷気が直接当たって冷えすぎます。また、地震などによる停電やエアコンの故障など万が一の場合に備えて、クールマットや氷水を入れたペットボトルなどを部屋に置いておくと安心です。十分な水分補給ができるよう、飲み水の量や器の置き場を増やすなどしておくと良いでしょう。冷却マットや保冷剤などには、高吸収性ポリマー、防腐剤、形状安定剤、エチレングリコールが含まれている製品がありますが、それらの場合、犬や猫がかじってしまうと中毒を起こす可能性があるため使用は避けましょう。

●車で出かける場合

ペットと車で出かけた場合は、なるべく車内に残さないようにしてあげてください。同伴できない場合は、近くの日陰や風通しの良い場所を選んでつないでおくか、誰かがそばについていてあげるようにしましょう。また、車内でも水分補給を忘れないようにしてください。

●屋外飼養の場合

犬などを外につないで飼養している場合、自分の意思で涼しいところに移動することができず、温度や湿度の管理もできません。また、直射日光を避けられる小屋であっても、気温や湿度が高ければ熱中症にかかるリスクが高くなります。可能な限りペットにとって快適で安全な温度に調節ができる環境（室内など）で飼育してあげてください。

●散歩に連れ出す場合

犬など散歩が日課となる場合は、気温の高い日中の散歩は控えて、早朝か夜の散歩に切り替えましょう。また、アスファルトはかなりの高温になりますので（図1-23）、できるだけアスファルトではなく土や草の上を歩かせるようにしたり、普段より散歩の時間を短くするといった対応をとることも大切です。

　熱中症は、日射しの強い暑い日中に起こる病気と思われがちですが、そうとも限りません。前述のとおり、犬は呼吸によって唾液を蒸散させ、その気化熱を利用して体温調節を行います。しかし、湿度が高いと唾液が蒸散しにくく、それが難しくなるのです。そのため、朝方や夕方であっても蒸し暑く湿度の高い日であれば、部屋の中でも熱中症になる可能性があるので十分に注意してください。

図 1-23. 外気温が 30℃のときのアスファルトの温度
外気温が 30℃のときアスファルトの表面温度は 50℃を超えることがあり，熱中症だけでなく，やけどを負う危険性もある。

6. 犬に噛まれたら

散歩中の人側のリスクとして、ほかの犬に噛まれる事例もあります。もし噛まれるようなことがあれば、その部位をまず水で洗い、冷やしながら整形外科を受診します。警察に通報し、「咬傷事故届」を提出することも忘れないようにしてください。

噛んだ犬が野犬ではなく飼い犬の場合は、その犬の飼い主に対して治療費負担や再発防止、口輪の装着などについて文書化するように求めておくと良いでしょう。

❶ 愛犬がほかの犬に噛まれたときの対処法

ドッグランで遊ばせているときや散歩中にノーリードの犬が襲ってくるというような咬傷事故もあるでしょう。咄嗟の出来事なので、噛まれている犬の飼い主も噛んでいる犬の飼い主もパニックになってしまいます。すると引き離すタイミングが遅れて、死に至るケガを負う大惨事になる可能性もあります。万が一、咬傷事故が起こったときに備えて次の最低限の対処法を覚えておくことで、命を救える可能性は高くなります。

①噛んでいる犬の首輪か首の毛または皮を持ってすばやくまたぎ、両膝で犬の体を固定する。
②噛んでいる犬の首輪か首を締め上げながら持ち上げ、両前足を地面から離して噛む力を弱める。
＊噛んでいる犬の首輪か首輪がない場合は、リードやベルトなどで首を締め上げて持ち上げる。
③噛んでいる犬を引き離したときにほかの人や犬を噛まないよう、リードかロープを付ける。
④両足を持ち上げてしばらくしても離さない場合は、喉の一番下をつまんで刺激する。
⑤噛んでいる犬が口を離したら、再度噛まないようにリードでコントロールする
⑥感染防止用手袋を着用し、噛まれた犬の傷口の常温水による洗浄、止血、保護を行う。

犬同士を引き離し、ケガの処置が済んだら警察に通報します。通常、警察署に加害犬、被害犬双方の飼い主が出頭します。加害犬の飼い主は謝罪文の作成が求められます。治療費の負担や保険請求について、あるいは今後、愛犬に口輪を付ける約束など

咬傷事故の発生・探知

↓

動物愛護センターまたは保健所に咬傷事故の発生を届出

↓

飼い主の届出義務がある書類の説明を受け、ただちに事故発生届を提出

届出義務がある書類
- ・事故発生届
- ・犬が狂犬病に罹患していない診断書の写し（最終検診後に提出）
  - ＊犬が狂犬病に罹患していない診断書は動物病院に備え置く

↓

動物病院で飼い犬の検診（1回目）

- ・咬傷事故後ただちに受診
- ・動物病院獣医師より咬傷犬狂犬病検診票に基づく検診を受ける

（2週間経過後）

動物病院で飼い犬の検診（最終）および診断

- ・狂犬病の疑いの有無に関する検診および診断を受ける
- ・犬が狂犬病に罹患していない診断書（咬傷犬狂犬病検診票）を受け取る
- ・その年の狂犬病予防注射を実施していない場合、予防注射を受ける
- ・被害者に検診結果を知らせる

↓

動物愛護センターまたは保健所に診断書の写しを送付

図 1-24. 咬傷事故の加害側になった場合の対応例

が記入する内容となります。改めて被害犬の飼い主と顔を合わせ、警察立ち会いのもと和解で決着することが一般的です。また、事故発生時から24時間以内に地域の保健所や動物愛護センターに「咬傷事故届」を提出しなければなりません。ペット保険に加入していれば、保険会社にも連絡しましょう。

　加害犬の飼い主はなるべく早く動物病院を受診し、狂犬病の有無についての検診を受けて「咬傷犬狂犬病検診票」を発行してもらいましょう。咬傷事故が発生した際の対応例を図1-24に示します。

　加害犬とその飼い主がその場から逃

げた場合は、可能な範囲で飼い主と加害犬を撮影します。また、付近に防犯カメラが設置されていれば、それが取り付けられている支柱と管理番号、発生時刻を記録しておきます。

被害者となった場合も加害者となった場合も、咬傷事故は再発の可能性が高いため十分に注意しましょう。

7．自然毒のリスク

❶フグ毒

ペットを連れての旅行は楽しいものです。旅先の浜辺で犬と一緒にジョギングしたり、フェッチ（投げたものを犬が取ってくる遊び）をしたりして、犬も人も日ごろのストレスを吹き飛ばし、旅を満喫したいものです。ただ、海へのペット連れ旅行では気を付けなければならないこともあります。旅先で売られている犬・猫の食用ではない魚の加工品や刺身、砂浜に落ちている魚の死骸を食べてしまったために、楽しい旅行が一瞬にして悲しい思い出になってしまうこともあるのです。

たとえば、浜辺でロングリードを使って散歩中に、景色に夢中になって写真を撮っていて犬の鼻先を見逃してしまい、死んだ魚を犬が食べてしまったとしましょう。もしそれがフグだったら、犬の場合、高い確率で20分以内に死亡してしまうことが予想されます。厚生労働省がまとめた「自然毒のリスクプロファイル：魚類：フグ毒」には、人では「食後20分から3時間程度の短時間でしびれや麻痺症状が現れる。麻痺症状は口唇から四肢、全身に広がり、重症の場合には呼吸困難で死亡することがある」と書かれています。

次の事例は私が行っているペットセーバープログラムの受講者から聞いた話です。

浜辺で犬と遊んでいるときに電話がかかってきて、目を離した一瞬の隙に愛犬が浜辺に落ちていた何かを食べて飲み込んだのに気付いたそうです。慌てて犬の口を開けてみると、明らかに腐ったような生臭さを感じ、口の中に魚の皮のようなものが残っていたため死んだ魚を食べたことがわかりました。

その女性は急いで吐き出させようと持っていた水を飲ませたりしましたが、犬は吐く気配もありません。しばらくして、ようやく吐く気配を見せましたが、すでに毒が回っていたのか、よろけて歩くような状態になってしまいました。

広い浜辺の波打ち際から駐車場までやっとの思いで愛犬を歩かせて、重たい体を頭とお尻半分ずつ持ち上げながら、後部座席の下に乗せたそうです。そして動物病院に向かおうとしたところ、さらにぐったりとしてきて、息も絶え絶えの状態に……。動物病院に到着したときには、すでに意識のない状態になっていました。バイタルサイン（心拍や呼吸の状態など生命の兆候）を確認したところ、すでに死亡していたのです……。

このような事例を紹介すると、「こういう事故が起こったとき、飼い主が水くらいしか持っていないとして、どんな対処ができるのか？」という質問が出ます。

毒が体内に回っているペットに対しては、搬送のための助けを呼んでから人工呼吸を行うという選択肢が考えられます。ただ、このケースでは浜辺が広く、波打ち際から駐車場まで３００ｍ以上あったことや、普段常駐しているライフセーバーも引き揚げた後で、飼い主しか助ける人がいない状況だったことが災いしました。「自然毒のリスクプロファイル：魚類：フグ毒」には、「フグ中毒に対する有効な治療法や解毒剤は今のところないが、人工呼吸により呼吸を確保し適切な処置が施されれば確実に延命できる」とあります。しかし、人工呼吸を実施しながら携帯電話で動物病院に連絡し、獣医師に浜辺に来てもらって酸素投与ができたとしても、解毒剤がないため助かる可能性は低いのではないかと予想されます。

人の動物性食中毒の特徴として、フグ中毒が患者数・事件数とも最多となっています。厚生労働省のまとめでは、動物性食中毒による死亡原因の98％がフグ毒（猛毒のテトロドトキシン）によるものです。フグが死んで浜辺に打ち上げられて干からびた状態になっても、テトロドトキシンは分解されません。先述のとおり、誤って犬や人が食べてしまった場合、有効な解毒剤もないことが知られています。人（体重60㎏）の致死量はテトロドトキシンに換算して1～2㎎と推定されますが、犬はそれ以下でも致死量に相当することが考えられます。

一般的にテトロドトキシンによる中毒症状（人）としては、唇、舌、指先などの痺れから始まり、知覚麻痺、運動機能障害、言語障害、呼吸困難、血圧低下などの症状が現れます。末期には意識が混濁し、最終的には呼吸停止により摂取から1.5～8時間で死に至ります。

さまざまな説がありますが、6～8時間以上経ってから発症した場合は比較的軽症で、適切な処置を受けられれば死亡することはほとんどないとされています。

●フグ毒の症状

「自然毒のリスクプロファイル：魚類：フグ毒」では、人での中毒症状は臨床的に次のような4段階が記載されています。

・第1段階…口唇部および舌端に軽い痺れが現れ、指先に痺れが起こり、歩行はおぼつかなくなる。頭痛や腹痛を伴うことがある。

・第2段階…不完全運動麻痺が起こり、嘔吐後まもなく運動不能になる。知覚麻痺、言語障害も顕著に発現する。呼吸困難を感じるようになり、血圧降下が起こる。

・第3段階…全身の完全麻痺が現れ、骨格筋は弛緩し、発声はできるが言葉にならない。血圧が著しく低下し、呼吸困難となる。

・第4段階…意識消失が見られ呼吸が停止する。呼吸停止後、心臓はしばらく拍動を続けるが、やがて停止し死亡する。

❷ヒスタミンによる食中毒

フグ以外の魚介類ではヒスタミンによる食中毒が毎年起こっています。犬・猫の食用ではない（無毒化されていない）魚の加工品や刺身を食べさせないよう、くれぐれも注意しましょう。

ヒスタミンによる食中毒は、赤身魚に多く含まれるアミノ酸の一種であるヒスチジンが、多量のヒスタミンに変わってしまったときに起こります。赤身魚を常温で長時間放置したり、冷凍・解凍を繰り返すと、ヒスタミン産生菌が増殖し、菌が持つ酵素の働きで、ヒスチジンがヒスタミンへと変わっていきます。

赤身魚以外でも、イワシのすり身やカジキ、マグロ、ブリを調理した加工品などを犬に食べさせた直後から1時間以内に、顔面、とくに口の周りや耳介が赤くなり、じんましん、頭痛（元気低下）、嘔吐、下痢などの症状が出ることがあります。重症の場合は、呼吸困難や意識不明になることもありますが、現在、犬や猫におけるヒスタミンによる死亡事例は日本で確認されていません。

【TOPIC】ペットのシートベルト着用義務

近年、飲酒運転への取り締まりが厳しくなり、社会全体の危険運転行為に関するモラルも向上しています。危険運転の取り締まりと罰則強化、自動車の安全性の大幅な向上などにより、衝突車両の運転者や同乗者が死亡する事故は減少傾向にあります。では、ペットの安全という視点ではどうでしょうか。ペットとのドライブは日常的になっていますし、ペットを乗せることを前提とした車も増えつつあります。しかし、日本では、アメリカのように同乗するペットのシートベルト着用義務が法律などで定められていないため、着用率が低いのが現状です。もしペットがシートベルトをしていない状態で衝突事故が起これば、重傷を負う、あるいは死亡するリスクが高まります。

また、衝突事故で運転者が挟まれて脱出できなくなるケースでは、ペットがシートベルトをしていない場合、レスキュー隊がドアを開けたとたんにペットが道路に飛び出して、後続車や対向車に接触するという二次被害も想定されます。シートベルトの有無にかかわらず、ペットを救出する際には逸走に注意が必要です。

最近では日本でもペット同乗事故の予防策として、シートベルト着用のためのさまざまな用具が販売されています。しかし、安全基準などはまだありません。そのため、ペットが装着するハーネスの形状やシートベルトへの固定方法によっては、「ハーネス外傷」を起こす危険性があるのです。これは、衝突のショックで胸部や上腹部をハーネスで急激に強く圧迫されてケガをするというものです。車での交通事故、とくに衝突事故によるハーネス外傷は、人間（運転者）のハンドル外傷と似ています。胸部を強打することで、肺や心臓などの臓器を痛めることがあるのです。具体的に考えられるケガは次のとおりです。

・直接加わった外力または衝突時の衝撃による頸椎あるいは鎖骨骨折や、胸骨または肋骨骨折などによる胸郭損傷。
・減速外力による心大血管損傷や肝臓損傷など。
・胸部のハーネスと胸椎に挟まれることによる、すい臓や十二指腸損傷など。

もし、レスキューする側になったなら、このようなハーネス外傷（多発外傷）を疑ってください。人と同様にペットに対してもできるだけの救急処置を行い、動物病院へ連絡することで、ペットの救命率は上がります。また、事故直後は症状が見られなくても、遅れて症状が出る「遅発性ハーネス外傷」もあるため、その注意も必要です。事故後にペットが何ともない様子だったとしても、必ず動物病院を受診しましょう。

アメリカでは、ペットを交通事故から守るためのポイントとして、次のような対策が推奨されています。

・ペットは運転者の真後ろの後部座席で、シートベルトを装着のうえ同乗させる。
・事故の衝撃に耐えられる強度のハーネスを選ぶ。
・シートベルトはハーネスに直接付けるなどぴったりと装着する。
・ケージは丈夫なものを選び、シートベルトで3点固定する。

・ハーネスは胸幅の広いタイプや胸の部分に緩衝材などが入っているタイプを選ぶ。

など。

図1-25. ペットのシートベルト

さまざまなスタイルのハーネスやケージ類（ソフトケージ、ハードケージ）が販売されていますが、その選択により事故発生時の救命率が変わるため、慎重に考えたいものです。犬のシートベルトとして理想的なデザインは、胸に当たる部分の幅が広めで、救命胴衣のようなウレタンが入っているものです（図1－25）。胸部の衝撃が緩衝され、激しい事故によるハーネス外傷も軽減されると思われます。

ほとんどの犬は、ドライブ中に窓の外の景色を見るのが大好きですから、できるだけ自由にしてあげたいと思うのが人情でしょう。しかし、ペットが自由に車内で動ける状態は事故にもつながりますし、道路交通法違反になる可能性があります（資料編参照）。

ペットの予期せぬ動きによって、急ブレーキを踏み、衝突事故などを起こした際には、人間だけはなく、ペットもフロントガラスやダッシュボードに叩きつけられ、大ケガを負う可能性があります。そのような理由から、いずれ日本でも、ペットのシートベルト着用義務が条例などで制定される日が来るかもしれません。人間の命だけでなく、ペットの命を守るためにも、今からペットのシートベルト着用を実践し、モラルを高めていきたいものです。

Pet First Aid

第2章

災害時の救急対応

1 地震に備えてペットを守る

2011年の東日本大震災では、原発事故による放射性物質の漏洩事故が発生。立ち入り禁止区域に住んでいる人は避難時にペットの同伴が認められず、自宅に置き去りにせざるを得ない状況になってしまいました。その後も飼い主は自宅に戻ることができず、食事や飲みものを与えに行ったり、避難所に連れてくることもできない状況が続きました。その結果、多くのペットが自宅で行き倒れている光景などが報道され、ペットを連れての避難生活の困難さについても注目されました。

また、2016年の熊本地震では、ペット同伴では避難所に入れてもらえず、長期の車中避難によるエコノミークラス症候群によって、飼い主が死亡したケースもありました。さらには、耐震化していない家の倒壊により人とペットが瓦礫の下敷きとなったり、家猫が逃げ出してしまって行方不明になるといった事例も発生しました。

幾度もの災害により、ペットと飼い主がさまざまな困難を経験したことで、災害時におけるペットと飼い主の健康および安全な生活環境の確保についての取り組みの必要性や課題が明らかとなったのです。

２０１８年、２０１９年の大型台風の際には、自治体がホームページやＳＮＳ（ソーシャルネットワーキングサービス＝Ｗｅｂサイトの会員制サービス）などでペット同行避難を呼びかける一方で、実際にペットを連れて避難所に行ってみると「動物アレルギーの人がいるかもしれない」という理由で受け入れが拒否された事例もあり、自治体と避難所運営者の対応のバラつきが社会問題になりました。

自然災害は、いつ自分の住んでいる地域で発生するかわかりません。いざというときに自分と大切なペットを守るために、日ごろからの備えが重要です。

1. 大地震の際に予測されるペットのケガ

大規模な地震が発生すると、窓や照明器具などが割れたり、食器棚が倒れてガラスや食器が飛散するなど、身の回りのものが凶器に変わります。とくに地震の揺れと音に驚いたペットが、逃げる場所を見つけようとパニック状態で駆け回り、肉球や四肢をケガしてしまうこともあるようです。地震発生時に道路に飛散したガラスが土砂に混じり、その上を歩くことで切り傷を負うこともあります。地震によってペットにどのようなケガが生じるおそれがあるかを考えて、予防策を練っておきましょう。当然、ペット用救急セット（包帯、ガーゼ、テープ、感染防止手袋、人工呼吸用フェイスシールドシート等）の準備も必要になります。

❶肉球損傷

●要因

肉球の表面は乳頭状（ブツブツしている）の厚い角質層で覆われており、内部は脂肪が多く、線維や汗腺が埋もれています。肉球は大きく7つ（後ろ足は5つ）に分かれており、一番大きな部分を「掌球」（後ろ足は「足底球」）、その上部に「指球」（後ろ足は「趾球」）、さらに人の親指に当たる狼爪（地面に着かない爪のこと。ほとんど前足のみだが、種類によっては後ろ足にもある）にも「指球」があり、指球の先には爪が生えています。また、爪はありませんが、前足には掌球の後ろ（手首あたり）に「手根球」があります。

肉球損傷の要因としては、地震によって部屋に散乱したガラスの破片や、避難の道中にある瓦礫を踏むことによるケガが挙げられます。あるいは、外気温が30℃を超えるなかアスファルトの上を歩いてやけどを負い、肉球の一部が剥がれてしまうこともあります。

●救急法

①マズル（口輪）の装着。
②保定。
③傷口の水洗浄。
④止血。
⑤肉球損傷では刺激の少ない消毒剤による患部の消毒、火傷では常温の水や水嚢などで冷却、状況に応じ感染予防のための被覆。
⑥症状に応じて動物病院への搬送を判断。

●予防法

家の中のガラスの散乱防止、ペットがいつもいる場所の耐震化、避難時の道路状況やペットの観察、避難後の肉球の洗浄などが必要になります。

❷骨折・関節損傷・靱帯損傷など

●要因

家具の転倒など災害時の家の中の散乱物、倒壊家屋の不安定な足場、水害によるぬかるみ、避難中の車内（シートのあいだに足を挟む）などが原因で起こりやすいといわれています。

●救急法

①マズル（口輪）の装着。
②保定。
③傷口の水洗浄。
④ガーゼと包帯による固定。
⑤常温水（あるいは常温の水嚢）での冷却。
⑥複雑骨折など固定が困難な場合はタオルなどによる患部の全体的な被覆。
⑦動物病院への搬送など。

●予防法

・家具などの固定。
・家屋や部屋の耐震化。

・パニックの予防（ケージを頑丈なものにする、近くにいる場合は抱きしめて安心させる）。

❸高温環境での長時間の避難による熱中症

●要因

高温状態のアスファルトはときに50℃を超えるため（75ページ、図1−23）、炎天下での避難は、人にとってもペットにとっても熱中症の危険が伴います。もし、待てる余裕があれば、涼しくなってから避難するか、日陰を選んで、休憩しながら移動しましょう。

●救急法

犬や猫に熱中症の症状が見られたら、常温の水道水やお茶などで体の内側（胸腹部の毛のない部分）、体幹部と前肢から肩にかけた筋肉など全体的に冷やしましょう。飲ませるのはミネラルウォーターではなく、水道水かスポーツドリンクの3倍希釈（2倍の水で薄めたもの）が有効といわれています。カルシウムやマグネシウム含有量の多い硬水は少量なら問題ありませんが、大量摂取は尿路結石などの原因になる可能性があるため注意が必要です。

●予防法

高温環境（30℃前後）での避難は10分歩いて、5分程度の休憩が理想といわれています。休憩時にはペットと一緒に人も水分補給が必要です。また、体幹部と筋肉を常温の水で冷やす、涼しい風にあたるなどして、人もペットも熱中症を予防しましょう。小型犬など、抱いて移動できる場合は、熱中症や肉球のやけど防止のため抱いて避難しましょう。

2. 災害発生直後のペットの探し方

大地震発生時、ペットによっては恐怖からパニック状態で動けなくなったり、慌てて走り回ったり、冷蔵庫や洗濯機の後ろ、クローゼットの奥などに逃げ込むことがあ

図 2-1. 災害発生直後の対応

大地震発生時には狭い場所に逃げ込むことがあるため、柵などで逃げ込みを予防する。また、好きなフードやニオイの強いトリーツ、興味を引く音などで呼び寄せるトレーニングをしておけば、緊急避難が必要な際に役立つ。

ります。普段から小さい地震のときにどこに逃げ込むかなどを観察し、柵などを設置しておくことで人の手が届かないところに逃げ込むのを予防しましょう。また、ペットの好きなフードやニオイの強いトリーツ、興味を引く音などで呼び寄せるトレーニングをしておけば、緊急避難が必要な際に役立ちます（図2-1）。

3．高所から降りられなくなった猫の助け方

私はレスキュー隊としての現役時代（1990年代）、さまざまなペットレスキューを経験しました。そのなかでも対応が難しかったのが、高い木に登って降りられなくなった猫の救出です。ここでは先に述べた人の手が届かないところに逃げ込む問題に関連して、災害からは少し話題がそれますが、高所に上がった猫への対応法を海外の事例も交えながら紹介します。

まず、猫が高木に登る理由としては主に次のようなことが考えられます。

・ネズミなどの小動物を追いかけて木に登ってしまい、気が付いたら降りられなくなった。

・犬や子どもなどに追いかけられ、木に登って逃げ切ったものの降りられなくなった。

・木に登って遊んでいるうちに降りられなくなった。

ではなぜ、木から降りられなくなるのでしょう? 猫の爪の形状は、木に登るためには引っかかりが良くて便利です。しかし、頭から降りようとすると爪が抜けてしまうため、ほぼ垂直に落下してしまいます。また、安全に降りる方法としては、後ろ向きに降りる、可能な高さであれば飛び降りる、枝から枝にうまく飛び移りながら降りるなどが考えられますが、多くの猫はそれらの選択を思いつきません。降りられなくなった猫は何日も枝の上で鳴き、人間が助けなければ衰弱し、いずれは転落してしまうなど、場合によっては悲惨な結末になってしまうこともあるのです。

国内外を問わず、このような高所に登った猫のレスキューは消防が行うことが多いですが、「危険排除」「事態回避」「災害予防」のためのペットレスキューは料金が請求されることもあります。有料か無料かの判断は、各現場責任者が判断します。有料の場合、イギリスでは1回の出動の基本料金が最低5万円程度、そしてさまざまな条件によって追加料金も必要になります。たとえば、スコットランド消防局のペットレスキューの基本料金は次のとおりです(1ポンド135円で計算)。

・はしご車…約4万円。

・高所作業車…約４万円。
・ポンプ車…約４万円。
・消防士一名1時間につき…約３５００円。
＊そのほか、ペット保険に提出するための書類、救助の際の木の伐採などに必要な報告書、あるいは資機材の数などによって細かく設定されている。

ほとんどの場合、高所作業車とポンプ車の2台出動が原則で、最低5名の消防士が現場活動を行います。その態勢で1時間以内に救出できたとしても、約10万円はかかることになります。さらに、レスキュー費用がペット保険で下りるかどうかはわからないそうです。

さて、それではそれら救出用の車両が入れない状況（狭い場所、森や林の中など）、あるいは災害時でそれらの利用がかなわないときには、どうやって猫を助ければ良いでしょうか。調べてみると次の5つの方法が紹介されています。

①呼び寄せによる救出…飼い主やその猫が慣れている人が木の上にいる猫に対して呼びかけ、猫が後ろ向きで降りそうになったときに褒めながら誘導する（図2-2）。

図 2-2. 木から降りられなくなった猫の救出法例

呼び寄せによる救出。飼い主やその猫が慣れている人が誘導する。猫を受け止めるための大きなタオルを使用すると良い。

②木を切り倒して救出…木や土地の所有者・管理者の了解を得た上で、猫が登っている木を少しずつ切り、ゆっくりと倒しながら猫を地面に近付ける。

③放水による救出…救助者が落下地点を想定して、救助幕や防水シート、ネットを張った状態で猫に向けて緩い圧力で放水する。水を嫌がり、落ちてくる猫を受け止める。ただし、高さによってはケガのリスクが高いことから、飼い主以外が行う場合は、万が一のことも考え、飼い主と同意書を交わしておいたほうが良い。

④ケージを使って捕獲…ケージを猫の目の前まで吊り上げて、フードなどでケージ内へ誘導して捕獲する。飼い猫であれば、いつも食べているフードをケージの一番奥

に入れておくことで成功の可能性が高まる。
⑤木に登って救出…木に登る救助者は、まずその木の幹の強度を確認する。次に砂袋が先端についた4㎜径ほどのロープを、できるだけ高い位置にある直径10㎝以上(目安)の木の股に投げ、落ちてきた端末に14~16㎜径のロープを結んで木の股に通し、アンカーを取る。ロープの緩みを完全になくして登攀《とうはん》し、猫の少し上で救出に必要なロープの支点を作成して両手が使える状態にする。怖がらせないようにつねに声をかけながらアプローチし、片手で猫の両前足を握った状態で持参した袋に猫を入れる。猫が飛び出ないように(とくに袋に入れようとするときに暴れる猫が多い)、そして落とさないようにしっかりと袋を持つ。

なお、猫が高い木に登った要因(犬など)が周りに存在する場合は、それを取り除いてから行います。

アメリカでは、キャットレスキューのスペシャリストが登録されているサイトがあります。余談ですが、最近では木に引っかかったラジコンやドローンの回収などの依頼もあるようで、職業にしている人も存在します。

その中の一人、パトリック・ブラント氏はホームページで、たくさんのキャットレスキューの手法やコツ、注意点などを動画とともに紹介しています。ブラント氏によると、成猫であれば経験を活かして、どうやって降りようかと考えるそうで、降りられなくなってから目安として24時間くらい待ってみると、そのあいだに自分から降りてくることもあるようです。木の上から降りられなくなった猫は、体の大きさや気象条件にもよりますが、飲まず食わずで、かつ高度というストレス状態にさらされることから、子猫で24時間、成猫では36時間経過するとかなりの体力を消耗するといわれています。

もし、愛猫が木の上から降りられなくなったら、どうやって救助するべきか。自宅近くの高木を見上げてみて、救出方法を考えておくのも飼い主の務めかもしれません。

4．地震発生時の行動手順

地震発生時は身動きが取りにくいので、できるだけ姿勢を低くし、転倒して負傷しないように気を付けます。地震が収まったらペットの様子を観察し、恐怖で震えているようなら抱きしめて安心させましょう。住んでいるエリアにもよりますが、地震後に発生が予想される主な被害は次のとおりです。

・マンション内のエレベーターの停止や閉じ込め。
・耐震性のない家の1階部分やブロック塀の倒壊。
・木造密集地域の火災。
・電柱から垂れ下がった、切れた電線による感電。
・海の近くでの津波。川の近くであれば河川津波。
・山の斜面や造成地の土砂崩れ。
・埋め立て地の液状化現象。
・化学工場が近いエリアでの危険物や劇毒物の漏洩。
・パニック状態の運転者による車の暴走、道路の陥没。
・鉄道の脱線事故。

5.「避難放棄ペット」を出さないために

過去の自然災害で、避難所にペットを連れて入れず、やむなく自宅に残したまま避難する人が多くいました。取り残されたペットのことを「避難放棄ペット（あるいは放置ペット）」と呼んでいます。なかには、外に逃げ出したペットたちが群れとなって食べものを求めて徘徊したり、野良犬・野良猫になるなど収拾のつかない状態になった例もありました。

では、飼い主自らが避難放棄ペットを出さないためにできることは何でしょうか。まず、毎年行われる避難訓練などにペットを連れて参加し、ペット同行・同伴避難の必要性を訓練主催者や避難所運営管理者などに理解してもらえるよう働きかけましょう。同時に、避難所で迷惑とならないよう、飼い主によるペットのしつけがとても重要になります。

内閣府の中央防災会議は「防災基本計画」を出しています。そこでは、動物愛護管理法に基づき、避難所においても清潔で安全、かつ飼い主とともに避難生活を継続できる適正な飼養環境を作ることや、応急仮設住宅における家庭動物の受け入れを求めています。

在宅避難、車中避難、避難所生活の飼養環境を考え、ペットと一緒に生活するために必要な避難準備を家族で計画しておきましょう。

【TOPIC】犬・猫にマイクロチップ義務化で飼い主特定／改正動物愛護法が成立

「動物の愛護及び管理に関する法律（動物愛護管理法）」が2019年6月に改正

され、既存の犬・猫は推奨ですが、新しく販売する犬・猫へのマイクロチップ（電磁的記録）の装着義務化が明記されました（第三十九条の二）。マイクロチップが普及すれば、迷子や捨てられる犬や猫が減り、災害時の捜索にも有益なものになることが期待されます。この法律では、そのほか、災害時における動物の適正な飼養および保管についてや、動物愛護推進員は災害時に国や自治体に協力することなどが盛り込まれています。

6. ペット救助に必要な道具

逃げ出したり、ネットなどに絡まったり、倒壊家屋の下敷きになったり、水害時に家に取り残されたりしたペットを救助するには、状況に応じた救助装備が必要になります。

● ペット救助装備例（ペットセーバーの場合）

・身分証明書、団体所属章、災害派遣登録証など
・動物捕獲用ネット（図2-3）、ケッチポール（保護棒）

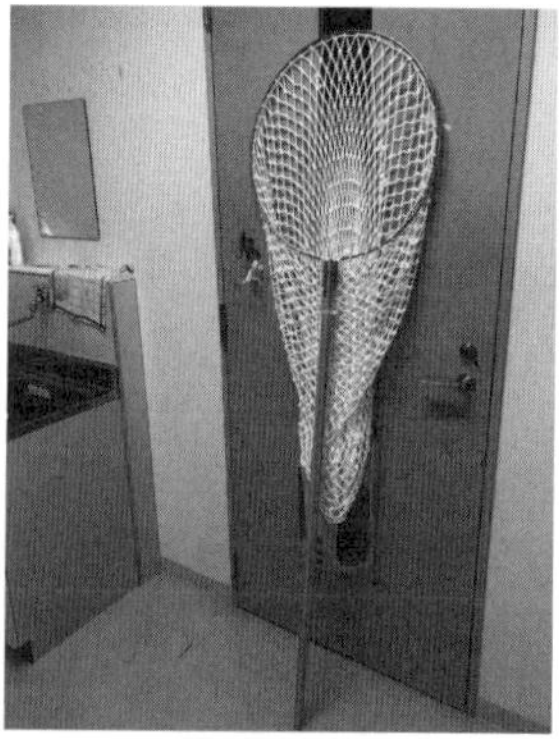

図 2-3. 動物捕獲用ネット

・ヘッドライト、無線機、マスク、ゴーグル、ヘルメット、各種手袋
・ロープ、カラビナ、滑車、ウェビング（車のシートベルトのような丈夫な素材で織られた厚手の紐）、捕獲投網
・呼び戻すためのフード、水、興味を持たせるためのオモチャ、フレキシブルリード
・ワンタッチマズルか包帯、ケージ複数個、タグ複数枚
・水害時はドライスーツ、地震災害時はつなぎや作業服など
・ジャッキ、チェンソー、単管パイプ
など。

7. 地震後の火災について

地震で倒壊した家屋では、通電火災（自然災害の影響による停電から電気が復旧することで発生する火災）やガス漏れなど、さまざまな原因で火災が発生することがあ

ります。家の近くで火災が起きた場合、窓などの開口部を開けることで、焦げたニオイや黒っぽい煙、熱気などを感じて火災の発生を知ることができます。もし、火災が起きている建物の風下に自分の家があるなら、延焼の危険を考え、ペットを連れて迅速に避難しましょう。避難する方向は、煙の流れを見て風向きと垂直となる横方向に進むと良いでしょう。

自分の家で火災が発生した場合は、火が燃え広がらないうちに水道水や手元にある飲料水などですばやく消します。かさばるものが燃えている場合は、粉末消火器よりも水のほうが燃焼物の内部まで浸透するため、消火効率が高いことが知られています。

【TOPIC】災害救助犬について

スイスの災害救助犬団体「ＲＥＤＯＧ」が災害救助犬による被災地支援の発祥といわれていますが、日本にも多くの災害救助犬団体があり、日本国内外で大災害が発生した場合、急性期（発生から1週間程度の期間）にハンドラーと救助犬が出動して、倒壊家屋の下敷きになった人やペットの捜索・救助に向かいます（図2-4）。災害救助犬団体では、普段からさまざまな災害を想定した訓練を行っており、多いところは毎週の訓練で救助犬とハンドラーの災害対応スキルを磨いているのです。

図 2-4. 2021 年7月に熱海市で発生した土石流災害現場での活動（NPO 法人 日本捜索救助犬協会）

左：捜索前の現場の下見、右：災害救助犬とのぬかるんだ場所の捜索。

また、近年では被災者の救命率を高めるため、自衛隊、消防、警察など各関係機関との合同訓練も行われています。災害時における、より具体的な連携方法が検討され、相互の専門性などに対する事前の理解が深まり、現場活動がよりスムーズかつ安全に進められているようです。

2

水害に備えてペットを守る

２０１８年7月に発生した西日本豪雨（平成30年7月豪雨）では、避難勧告の発令後、「ペット連れでは避難所には入れない」と避難所運営者が取り決めたり、あるいはペットを連れての避難のための準備や移動の困難さから、同行避難を断念した人が多くいました。その結果、ペットを家に置いてきてしまうという事態が発生したのです。

その後、岡山県倉敷市真備町地区全体で8か所の堤防が「バックウォーター現象」（河川や用水路などにおいて、下流側の水位の変化が上流側の水位に影響を及ぼす現象）により決壊。本流の高梁川が増水し、小田川や小田川支流の水が行き場を失った結果、１２００ヘクタールにおよぶ地域が最大約5・4ｍ浸水しました。ドミノ倒しのように堤防の決壊が続き、結果的に屋外で飼養されていた犬だけでなく家の中で暮らしていた犬や猫など、多くのペットが水死してしまったのです。

環境省では「災害時におけるペットの救護対策ガイドライン」のなかで、「避難をする際には、飼い主はペットと一緒に避難する同行避難が原則となる。発災時に外出しているなどペットと離れた場所にいた場合は、自分自身の被災状況、周囲の状況、自宅までの距離、避難指示等を考えて、飼い主自身によりペットを避難させることが可能かどうかの判断が必要となる」としています。

毎年のように発生する大規模な水害に備えて、ペットとの同行避難に必要な準備を整え、避難ルートを確認しておきましょう。

1．水害をどうやって予測するのか

水害は台風の経路予想や降水確率など、天気予報で具体的な場所や日時などの発生予測が可能です。台風で避難する際、ペットを含む家族構成によっては、避難準備に時間がかかり、行動も遅くなると思います。行政から避難指示などが出ていなくても、「自分の身や家族は自分で守る」という考え方のもとに、身の危険を感じたら、躊躇なく自発的に安全な場所へ早めに避難しましょう。

なお、水害時と地震時の避難場所は異なる場合がありますので、事前に自宅と避難所の海抜や浸水域（河川の氾濫により住宅などが水に浸かることが想定される区域）などを自治体が発行しているハザードマップや国土交通省のホームページで確認しておきましょう。

自治体がホームページやSNSで発信したり、ニュースで報じられる避難指示などの対象区域は、過去のデータなど一定の想定に基づくものです。その区域外であれば一切避難しなくてもいいというものではありません。事前の予測を上回る災害が発生することも考慮して、危険だと感じれば自発的かつ速やかに避難行動をとることが大事です。

台風や同程度の温帯低気圧などの接近や大雨により、警報や特別警報が発表された場合は、その時点での避難指示などの発令状況に注意して、住んでいる地域で災害が発生する危険性の有無などを確認することが必要です。

災害発生の可能性が少しでもあるようなら、居住者等の安全を考慮して、市町村長から高齢者等避難や避難指示が発令されます。実際には災害が発生しない「空振り」となる可能性が多分にありますが、避難した結果、何も起きなければ「幸運だった」と考える心構えが重要です。

水害発生時、地下街、地下鉄、建物の地下部分などは、大量の水が一気に流れ込ん

警戒レベル	新たな避難情報等	見直し前
5	緊急安全確保《きんきゅうあんぜんかくほ》	災害発生情報（発生を確認したときに発令）
〜警戒レベル4までに必ず避難！〜		
4	避難指示《ひなんしじ》	・避難指示（緊急） ・避難勧告
3	高齢者等避難《こうれいしゃとうひなん》	避難準備・高齢者等避難開始
2	大雨・洪水・高潮注意報（気象庁）	大雨・洪水・高潮注意報（気象庁）
1	早期注意情報（気象庁）	早期注意情報（気象庁）

図 2-5. 避難を呼びかける 5 種類の情報

で脱出できなくなることもあり、危険な状態に陥りやすい場所になります。自分と家族がどういう環境にいるのかを把握し、早めに安全な場所へ移動しましょう。

　多頭飼育の場合、自動車で避難しようと考える人が多いものです。しかし、水害発生時は思いもよらない場所で道路が封鎖されていたり、アスファルトが流されていたり、場合によっては迂回できず、途中で車を乗り捨てる必要があったりします。自動車による避難は、渋滞・交通事故・孤立などの状況が発生

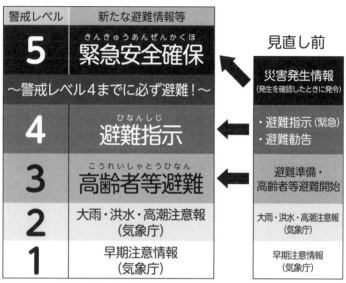

するおそれがあることを頭に入れておきましょう。
気象庁から出される避難を呼びかける避難情報は、令和3年5月20日からわかりやすく行動に移せるよう見直されました。警戒レベル1は「早期注意情報（気象庁）」、警戒レベル2は「大雨・洪水・高潮注意報（気象庁）」、警戒レベル3は「高齢者等避難」で、高齢者・障害者・その支援者すべて避難、警戒レベル4は「避難指示」で、危険な場所から全員避難すること、警戒レベル5は「緊急安全確保」で、すでに安全な場所に避難できず命が危険な状態を意味します（図2-5）。「避難勧告」は廃止され、警戒レベル4までに必ず避難するよう指示されています。ペットと同行避難する場合は、準備に手間取ることも多いため、警戒レベル3の「高齢者等避難」発令時に、自主的に（なるべく明るいうちに）避難を開始する必要があります。

【参考】「国土交通省　ハザードマップポータルサイト　～身のまわりの災害リスクを調べる～」、「地点別浸水シミュレーション検索システム」、「内閣府 避難情報に関するガイドラインの改定（令和3年5月）」

2. 洪水など水害時の危険リスク

地域の河川が次のような状況なら、速やかに自治体が定める水害時の指定緊急避難場所まで避難しましょう。

①住居の流失などのおそれがある。
②自宅最上階まで浸水することが予測される。
③長時間の浸水が継続することが予想される。
④そのほか、自宅にとどまることで命に危険が及ぶおそれがある。

洪水による浸水想定区域内に住居があるケースについて考えてみましょう。避難指示などが発令された後、避難すべきかどうか判断できず、逃げ遅れてしまったとします。その後、激しい雨が続くなどの状況で、指定緊急避難場所まで移動することがかえって危険だと思う場合は、「近隣の安全な場所」（河川などから離れた小高い場所など）へ移動することも考えます。

それさえも危険なら、「屋内安全確保」（居住している建物の最上階や場合によっては周辺建物の屋上などへの移動）をとるなど、状況に応じて早めに対応しましょう。周辺の建物に避難できるのは、前もって近隣の会社や所有者との申し合わせをしている（許可を得ている）場合に限ります。

自分がいる場所や周辺での降雨はそれほどではなくても、河川上流部の降雨により急激に河川の水位が上昇することがあります。洪水注意報が出た段階、また上流に発達した雨雲などが見えた段階で河川敷から離れて、水害の及ばない地域にペットや家族と避難しましょう。

大雨により、側溝や下水道の排水が十分にできず浸水していることもあります。マンホールのふたが流されていることもあり、穴に落ちる危険もあります。また、道路の側溝があふれ、足を取られて転倒することも考えられます。やむを得ず移動するときは、浸水した水の濁りによる路面の見通し、流れる水の深さや勢いを見極めて、とくに水流の強いところには近付かないようにしましょう。

浸水が予測されていないエリアであっても、短時間の集中豪雨などによって浸水が発生することがあり、避難指示などの発令が間に合わないこともあります。危険を感じたら、慌てずに各自の判断で避難しましょう。

河川の氾濫が起きたとき、浸水区域を移動すると水が濁っていて足下の様子が見えにくくなります。ゴミや樹木、バケツなど、さまざまなものが流れてきます。浸水区域では危険な場所も多いので、逃げ遅れて孤立したら基本的には移動しないほうがいいかもしれません。場合によっては、短時間で浸水が解消することもあります。

水害時、マンションなどで大量の雨水がし尿槽に流れ込んだ場合、水圧で上階にある部屋全室のトイレや風呂場の排水管などから汚物があふれ出す可能性があります。二重、三重にしたゴミ袋などに水を入れて水嚢を作り、重しとして置くと良いでしょう。あふれ出た汚物から感染することもあるので、ペットが汚水に触れたらすぐに水で洗い流しましょう。

3．ヘリコプターによる救助

2015年9月の関東・東北豪雨では、宮城県、茨城県、栃木県の3県で計8名が死亡、多くの家屋が浸水しました。鬼怒川の決壊で3000戸以上の住宅が浸水した茨城県常総市では、鬼怒川からあふれた濁流がすぐ目の前に迫るなか2頭の柴犬とともに屋根の上に取り残された夫婦が、救助に駆けつけた自衛隊のヘリコプターによって犬と一緒に助けられ、この決死の救出劇は日本中の注目を浴びました。

このようなケースで、知っておくと安全なポイントを紹介します。

①ヘリコプターから吹き下ろす風（ダウンウォッシュ）に注意する…ヘリコプターが頭上に来ると強烈な風が吹き下ろされるので、飛ばされないようにできるだけ姿勢を低くします。濡れた瓦屋根の上などであれば、寝そべるようにして体と屋根が接する面を増やし、滑り落ちにくい状態でヘリコプターから隊員が降りてくるのを待ちます。

②隊員にペットの救助をはっきりと要請する…ヘリコプターの隊員が目の前に降りてきても、数秒のうちに流される危険性があって救助を急がなければならない状況かもしれませんし、そもそもダウンウォッシュの音で相手の声が聞きづらいため、簡単な会話しかできません。その際、もし「ペットは連れて行けません」と言われても、「ペットも一緒に助けてください。家族ですのでお願いします」とはっきりと伝えましょう。

③ペットをしっかりと抱き、落下させないように注意する…ペットとともに救助される場合は、ヘリコプターからのワイヤーの先端（ホイスト）に付けられた救命ベルトを頭から掛け、隊員と自分のあいだにペットを挟む形になることが多くなり

ます。隊員からは「私の腰のベルトをしっかり握っていてください」と言われますので、ヘリコプターに吊り上げられるまでベルトをしっかりと握って放さないようにしてください。

④ヘリコプターの機内ではペットをしっかりと守る…ヘリコプターのドアに到達すると、機内の隊員に体を引き上げられます。飼い主はペットをしっかりと抱きかかえて、機内に引き上げられた後もペットが暴れてドアから落ちないように抱き続ける必要があります。

災害時のペット救助に関して、警察庁、防衛省、消防庁などは、「日常的な事故や火災なども含め、災害時におけるペットに関する救急・救助、救命・救出についての内規や取り決めはとくにない。どの災害出動においても、人命救助を最優先としているが、動物愛護管理法を重んじ、可能な範囲でペットと一緒に助けてほしいという人道的な面も受け入れて、要救助者の要望に応えられるよう対応している」という見解を示しています。救助時の状況によりますが、よほどの危険性がない限りはペットを一緒に助けてくれるはずです。

4．もし、川に流されてしまったら

緊急時においてはさまざまな状況が考えられ、これといったひとつの正解はありません。もしペットと一緒に川に流されてしまったら、浮力のあるもの（流木や発泡スチロールの箱など）を探してください。そこにペットを乗せて自分もつかまり、流れる方向を向いて流されていきます。その後、流れが弱まったときを見計らって、浅瀬に向かって瓦礫やゴミをかき分けながらバタ足で泳ぎます。

泳ぎが苦手な方や疲れて泳げないときには、リードを持った状態でペットを自力で泳がせます。自分は浮力があってつかまることができるものを探し、流れの弱い（よどみのある）方向へ行くようにしてください。その先に岩や建物などがあればよじ上り、小高い安全な場所へ向かいます。犬も猫も健康であれば、一般的に泳げることがほとんどですので、飼い主は自分の浮力を何らかの方法で確保しながら、ペットをリードで誘導することを考えましょう。

5．湖や川、海での水遊びの危険性

アメリカでこんな事故がありました。

初夏のころ、湖へ飼い犬2頭（シュナウザーとプードル）を連れて旅行した家族がいました。大人たちがバーベキューをしながら歓談していた脇で女の子が小さい流木を見つけて、シュナウザーを相手にフェッチ（投げたものを犬が取ってくる遊び）を始めました。シュナウザーも女の子も楽しさのあまり、約1時間、20回以上のフェッチを行ったところ、シュナウザーの様子がだんだんおかしくなりました。やがて歩行困難から意識障害を起こしたため、急いで直近の動物病院を探して搬送しましたが、2時間後に死亡してしまいました。対応した獣医師からは、淡水の大量摂取によって神経症状が発現する水中毒（Water intoxication）となり、低ナトリウム血症（Hyponatremia）に至ったと診断結果が告げられました。

この事例では、犬、そして犬を愛する家族にとって、せっかくの楽しい休日が最悪の日となってしまいました。犬と遊んでいたつもりの女の子は、自分が何度も流木を投げたことで大好きだった親友が死んでしまったことを悲しみ、心がひどく傷付いてしまいました。

犬の水中毒は、日本でも毎年発生している水の事故です。フェッチに限らず、川や海、プールで泳がせたり、水害などで犬が川や海に流されたときにも発生しています。「川で犬を遊ばせていたところ、犬が溺れて動かなくなった」という事例もよくありますが、その多くの原因は水中毒といわれているのです。それ以外にも、犬にホースからの水を大量に与えたり、プールに潜らせて水中にある何かを取ってこさせたりしたことで水中毒になった事例も報告されています。

北アラバマ動物救急クリニック（Animal Emergency Clinic of North Alabama）の獣医師であるダニエル・ベル氏によると、犬が水中毒になりやすい主な理由は、何かを口にくわえながら泳ぐ際、口から水が入りやすいからだといいます。それが胃に流れ込み、その時間が長かったり、回数が多かったりしたときに、結果的に大量の水を飲んでしまうことで起こるそうです。

一方、海の場合は塩分が問題になります。たとえば、30℃以上の炎天下でビーチフェッチやウォーターフェッチなどの複合的な激しい運動を十分な水分補給なしに行った場合、短時間での大量の水分の排出（発汗）と海水からの塩分摂取によって高ナトリウム血症に至る事例も報告されています。また、犬が喉の渇きにより海水を飲んで、さらに遊び続けることでも悪化します。

いずれにしても水の飲みすぎを防いだり、犬の体調を見ながら遊ぶ時間や回数を調整したりと、飼い主の予防に対する知識が十分であれば、ペットの水の事故は防げます。とくに泳がせて遊ぶときには犬が過度に疲れないよう、遊んだ後の様子も観察し、水中毒のリスクも考えることで楽しい休日を過ごせるのではないかと思います。

●低ナトリウム血症（Hyponatremia）

・原因…血液中のナトリウム濃度が非常に低い状態。嘔吐や下痢、腎障害などによるナトリウムの喪失、あるいは水の過剰摂取により相対的にナトリウム濃度が低下することなどによる。水の過剰摂取は水中毒とも呼ばれ、犬が川やプールでの遊びで大量の水を摂取してしまったときに起こることがある。

・症状…元気消失、発作、知覚過敏、昏睡などで、最悪の場合は死亡する。

・ナトリウム量…犬・猫で１１０～１１５ｍＥｑ／Ｌ以下で神経症状が発現。

・治療…ナトリウムを含んだ点滴を行う。ただし、急速にナトリウムを補給すると神経障害が出るので注意。

●高ナトリウム血症（Hypernatremia）

・原因…血液中のナトリウム濃度が非常に高い状態。腎臓や胃腸から排出されるナトリウム量にくらべ、過剰に水分が失われたり（脱水）、あるいは水分の摂取が少ないことで起こる。ときに高塩分の食物や海水の摂取により起こることがある。

・症状…多渇、見当識障害（錯乱）、昏睡、けいれん発作などで、最悪の場合は死亡する。

・ナトリウム量…犬で１５８ｍＥｑ／Ｌ以上、猫で１６５ｍＥｑ／Ｌ以上で神経症状が発現。

・治療…ナトリウムの少ない、または入っていない適切な点滴で体液量を回復させ、血液中のナトリウム濃度を下げる。

【参考】長谷川篤彦監訳「小動物臨床のための5分間コンサルタント 第3版 犬と猫の診断・治療ガイド」

余談にはなりますが、水の事故に限らず、ドライブ中に犬がシートのあいだに足を挟んで脱臼するといった事故もよくあります。万が一のことを考え、犬と遠出するときには現地で救急対応をしている動物病院（休診日や診療時間帯も）を調べておきましょう。急な休診、あるいは急患に対応できない状況なども考えられますので、事前に複数の動物病院の情報を入手しておくことが大切です。

遊びに行くときには、事故についてなど考える気にもならないかもしれませんが、適切な処置を行ってくれる医療機関を調べておくことで救える命はたくさんあります。また、自分が知ったことを家族や友人と共有することで、ペットの健康と安全を守るための危機管理意識がさらに向上します。

3 噴火に備えてペットを守る

世界の活火山のうち約7％（111）が日本にあります（図2-6）。これらは過去に何度も噴火していて、またいつ噴火してもおかしくありません。もし、九州の阿蘇山が壊滅的な噴火形式である巨大カルデラ噴火を起こしたり、約300年間沈黙している富士山が前回の宝永噴火（1707年）と同じ規模の大噴火を起こしたら……。私たちの日々の生活を支えるさまざまなインフラ（電気、上下水道、電話、ガス、道路、交通など）が被害を受け、経済的にも大きな影響を受けることは間違いありません。

たとえば、富士山が大噴火を起こした場合、偏西風に運ばれた火山灰が約2時間後に都内全域に降ることが想定されます。降灰によって交通機関が停止し、道路も通行止めになり、都心部は帰宅困難者であふれるでしょう。タイミングを逃すと帰宅できない状況になる可能性も高くなります。徒歩で帰宅しようにも、火山灰が道路に積も

図 2-6. 火山分布図

ることで滑りやすくなったり、灰を吸うことで肺が痛くなったり、目に灰が入って見えにくくなるなど、多くの困難が予想されるのです。そういった異常事態のなかでどうやってペットと自分の命を守るかを考えてみましょう。

1．降灰の影響とリスクの予測

火山の位置、山の大きさや噴火の規模、地域にもよりますが、一般的に火山灰は偏西風に乗って西側から東側へ流れ、降灰したエリアにさまざまな影響を及ぼします。そして、飼い主が勤務先や外出先から安全に帰宅できない状況になると、ペットたちの生活や心身にも関わります。では、降灰による影響とリスクを見ていきましょう。

❶給水施設

火山灰による水質の汚濁、給水装置の遮断・破損が起きる可能性があるので、水の備蓄が必要です。備蓄量は1日あたり1人3～4リットル以上、ペット（体重10kgの犬）は1リットル以上で、できれば最低5日分は用意しておきたいものです。

火山灰が浄水場へ大量に降灰すると、水道水に混入することになります。火山灰自体の有毒性は低いですが、酸性度が強く、塩素による殺菌効果が弱くなる可能性があるので飲料水としては不適切です。できるだけペットボトルの水(汚染されていない水)を備蓄しておきましょう。余談ですが、ペットボトルの水に表示されている「賞味期限」は、飲めなくなる期限ではありません。長期保管中に水は蒸発し、表記の内容量を満たさなくなりますので、(計量法上の)規定の内容量をきちんと満たせる期限を「賞味期限」としているのです。もちろん、保管中に直射日光や高温・多湿を避けるといった条件をクリアしていることが、飲用するための前提となります(ミネラルウォーターなど精製されていない水は劣化することがあります)。

降灰時やその後しばらくのあいだは、清掃用などで水の需要が増加して水不足となるおそれがあります。飲み水や最低限の生活用水以外は節水を心がけ、できれば近所の飲める井戸水など、緊急時に飲み水を調達できる手段も準備しておく必要があります。

❷ 排水施設

排水溝や屋根上の雨どいは火山灰が詰まりやすく、降雨時にあふれてきたり、灰が雨どいに溜まった重さで壊れたりと、屋内へ雨漏りする原因となります。季節によっては雨漏りした水がカビの原因となって、人とペットの健康障害につながることもあります。過去に噴火した火山の周辺や降灰が想定されるエリアの居住者に限らず、普段から雨どいの掃除や破損などの修理を行っておくことが、火山灰の詰まりの予防になります。

火山灰を大量の水で押し流すように排水溝や下水・雨水管に流してしまうと、灰の質によってはセメントのように固まってしまい、下水処理施設が使えなくなる可能性があります。その結果として、雨水の行き場がなくなり、し尿などの汚水を含んだ下水が道路にあふれて環境を汚染してしまいます。汚水が周囲にあふれていれば、水が引くまでペットを外に出さないのが賢明でしょう。汚水に足が浸ってしまった場合は、感染や汚物の経皮吸収を予防するため、毛穴を開かないように22℃くらいの冷たい水で洗い流すか、ノンアルコールのウェットティッシュでやさしくふき上げてください。

❸道路

降灰や自動車が巻き上げる火山灰により、視界が極端に悪くなって交通事故の危険性が高まります。道路が火山灰に覆われると、センターラインや停止線、横断歩道などの道路標示が見えなくなります。すると、運転者が混乱して大渋滞に陥ったり、玉突き事故などが発生しやすくなるので注意が必要です。広い範囲に降灰した場合、警察もすぐには事故処理や手信号による交通誘導などの対応ができずに、長時間道路上で過ごすことになる可能性もあります。交通に混乱が予想される場合は、最初から車や自転車を使わず、徒歩で移動したほうが無難かもしれません。また、火山灰が薄く積もった路面は非常に滑りやすく、ブレーキが利きにくくなるので、徒歩で移動する際には車の動きに気を付けながら、ガードレールのある舗道や交通量の少ない道を選びましょう。学校や会社からの帰宅など遠距離を徒歩で移動する際には、火山灰を吸わないようマスクを装着します。

火山灰が厚く積もると、高速道路・幹線道路が通行不能になり、被災地域への物流が停止するおそれがあります。火山灰のリスクのある地域では、人の食料はもちろん、ペットフードなどの生活物資を最低2週間分は備蓄しておきましょう。

❹ 交通機関

火山灰が航空機のエンジンに吸い込まれると、エンジン部品に付着して部品の腐食や破損などが生じます。推進力の低下やエンジン停止をもたらすため、降灰しているエリアの空では運航停止となります。住んでいる地域から降灰の影響のないエリアへペットを連れて飛行機で移動しようと考えても、空港に行けないか、行けたとしても空港自体の閉鎖が考えられます。

鉄道は軌道上に堆積した火山灰による脱線、導電不良障害、踏切障害が原因で運行停止することが予想され、駅は帰宅困難者であふれる可能性が高くなります。安全が確保できる場所にいるようなら、むやみに動かず待機するべきでしょう。

❺ 精密機器

火山灰の成分のほとんどはガラス質の鉱石で、尖った結晶質の構造をしています。スマートフォンなどの画面に付いた灰をふき取ったり払い落したりするときに擦り傷を付けてしまうおそれがあります。コンピューターなど、冷却ファンが付いている精密機器の内部に火山灰が大量に入り込むと、修理不可能な故障を引き起こす可能性があります。

❻ その他の対策

ペットがいる室内へ通じるドアの通風孔やすき間、窓などの開口部に目張りをしたり、換気扇や室外機などの外に通じる部分を閉じて、火山灰が家の中に入ってこないようにしましょう。また、火山灰が道路や舗道に堆積している状況での散歩は、人とペットの健康に悪影響を及ぼす可能性が高いため、極力控えましょう。

日本には111の活火山（おおむね過去1万年以内に噴火した火山および現在活発な噴気活動のある火山）があると述べましたが、そのうち火山防災のために監視・観測体制の充実が必要な火山は約50あります。ちなみに、関西と四国には活火山はありません。

ペット同伴の旅行前には、まず気象庁の防災情報を確認しましょう。活火山エリアに行く際には、事前に宿泊場所の火山防災計画などを調べておくと、万が一の噴火に対応しやすくなります。

【TOPIC】ペットの安全な在宅状態について

ペットの防災に関するワークショップにおいて、よく議論になるのが「ペットの安全な在宅状態について」で、とくに多いのは次のような質問です。

・飼い主がいないときに家が火災になったら、室内にいるペットはどうなる？
・地震によって、ペットが入っているケージにタンスや家具などが倒れてきたらどうなる？

・大雨で近くの川が氾濫して家の中に水が入ってきたら、1階に置いたケージにいるペットはどうなる？

飼い主が不在時、ケージのドアをロックしておくか、あるいはロックせずに、ペットが自由にケージを出入りでき、いざというときはペットが自ら家の中のどこか安全なところに逃げられるかによって、命のリスクが変わってきます。

もちろん、住宅や家族事情などによっても、ペットの在宅状態が決まってきますが、可能であれば、ケージの中に閉じ込めた状態で留守番させるのではなく、家の中で自由に避難できる状態を作ってあげてほしいと思います。

2. 情報収集

最近は災害時におけるＳＮＳの活用が話題となっています。災害発生時でも利用できる可能性が高く、リアルタイムで情報発信・収集ができることから、東日本大震災をきっかけに注目を集めました。しかし、ＳＮＳは未確認の情報なども拡散される可能性があります。いたずらにＳＮＳに振り回されることなく、いろいろな情報収集の手段を選択できるようにしておくことが大切です。次に大規模自然災害が発生したことを知らせるアプリでよく知られているものを紹介します。

①『Ｙａｈｏｏ！ 防災速報』…緊急地震速報や津波予報、噴火情報、土砂災害情報などさまざまな災害が発生したことを瞬時に知らせてくれる防災アプリ。プッシュ通知でいち早く情報を入手できるので、災害発生時の行動判断に役立つ。地震などの災害だけでなく、豪雨の情報も知らせてくれるので、台風や集中豪雨にも早めに備えることができる。また、天気予報をチェックしていなくても雨が降る前に知らせてくれる機能もある。

②『ＮＨＫ ニュース・防災』…災害発生後は、指定避難所などへ避難すべきか、在宅避難するべきかなど、「自分や家族が何をすべきか？」という判断が必要になる。このアプリは判断材料となる情報をライブ映像で確認でき、災害状況を把握しながら行動するのに役立つ。災害の詳細情報や発令されている警報・注意報や地震速報などの関連情報をリアルタイムで知ることができるのがポイントで、ＧＰＳ機能を使用すれば、現在地の災害状況や警報などのチェックも可能。外出先や仕事先でも、つねに自分の居場所に応じた対応を考えるのに有用。

③『ゆれくるコール』…気象庁が発表する緊急地震速報（予報）をもとに、利用者が設定した地点の揺れを計算し、推定震度と予想到達時間を通知するサービス。緊急地震速報アプリの先駆け的な存在で、2019年秋からは気象庁が提供する大雨災害による危険度通知への対応もスタートしている。

④『防災情報 全国避難所ガイド』…外出先などで大規模災害が発生したら、まずは近くの避難所に逃げ込むことで、情報収集ができる上に安全性も高まる。このアプリは現在地周辺の避難所をオフライン状態でも表示してくれる防災マップが確認でき、さらに避難所までの距離や避難所の画像なども表示されるので、迷わずにたどり着くことができる。避難所の位置だけでなく、建物の倒壊による二次災害のリスクの少ない大規模公園を含む「避難場所」や、高台に設けられる「津波避難施設」なども表示され、適切な避難場所選びができて便利。避難所などの場所を表示すると同時に、浸水想定区域や土砂災害警戒区域を示したハザードマップなどの防災情報も収録されているため、避難所までの移動ルートが安全どうかを確認することもできる。

⑤『ｒａｄｉｋｏ（ラジコ）』…災害発生時、ラジオの音声で災害情報を聴くことができるアプリ。バックグラウンド再生に対応しているので、ほかのアプリで災

害情報をチェックしながら、耳からも情報を入手することができる。地元局だけでなく、全国ネットの局が視聴できるのも特徴で、災害時に地元のラジオ局が機能しなくなったとしても、全国放送で最新情報を入手できるので安心。さらにプレミアム会員(有料)に登録すれば、自分が住む地域以外のラジオ放送も聴けるようになる。

Pet First Aid

第3章

ペットとの
同行・同伴避難

1 避難の前に知っておきたいこと、備えておくべきこと

災害発生時、地震による揺れへの恐怖感などで、ペットも強い心的ストレスを受けてしまいます。飼い主がペットを連れて避難しようとしても、体の震えや興奮状態が収まらず、言うことを聞かなくなるかもしれません。飼い主もペットもパニックになる非常事態において、速やかに安全な場所へ避難するためには、普段からのしつけが大事です。指示すればケージやキャリーバッグなどに入るようにしておくことが大切で、犬の場合は「マテ（待て）」「コイ（来い）」「オスワリ（お座り）」「フセ（伏せ）」といった命令（コマンド）が避難時でもよく使われています。猫の場合もフードやオモチャなどで、呼び寄せるためのしつけをしておく必要があります。

災害時には、次のようなことをはじめ、さまざまな危険がペットに及ぶ可能性があります。

・家屋の倒壊や倒れた家具からペットが逃げられずに死亡した。
・床一面にガラスが飛散し、人もペットも足にケガを負った。
・屋外で飼育している猫が被災当日から自宅に戻らず、同行避難ができなかった。
・ペットを受け入れ可能な避難所がどこにあるのかわからなかった。

これらの危険を避けるためにも、事前の備えをしておきましょう。

もちろん、補強工事などにより自宅を耐震化しておき、在宅避難できる状態であれば、それが飼い主にとってもペットにとっても望ましいことは間違いありません。しかし、在宅避難にせよ避難所に移動するにせよ、災害発生時はペットと離ればなれになってしまう可能性が高くなります。日ごろからペットが逃げ出さないように、十分な対策を講じておくことが前提となります。

離ればなれになったときの対策として、ペットが保護された際に飼い主の元に戻れるよう、所有者明示をしておく必要があります。誰が見てもすぐにわかる迷子札などを着けるとともに、脱落のおそれがなく、確実な証明となるマイクロチップを装着しておくことをおすすめします。マイクロチップは、動物病院で埋め込むことができ、費用は数千円程度です。日本獣医師会などに所有者情報を登録（登録料は１０５０円）

しておくことで、万が一はぐれた際に発見・保護の可能性を高めることができるのです。

なお、犬の場合は狂犬病予防法に基づき、鑑札（自治体が発行する登録の証明）と狂犬病予防注射済票を装着しておく義務があります。

1．環境省の「人とペットの災害対策ガイドライン」を読んでおこう

環境省は２０１１年の東日本大震災を教訓に、２０１３年に同行避難を基本とした「災害時におけるペットの救護対策ガイドライン」を策定しました。その後、２０１６年の熊本地震の課題を反映した改訂版である「人とペットの災害対策ガイドライン」が２０１８年に策定されています。そこには、被災者となった飼い主が、ペットをできる限り適切に飼養管理するための自治体等による支援なども盛り込まれました。

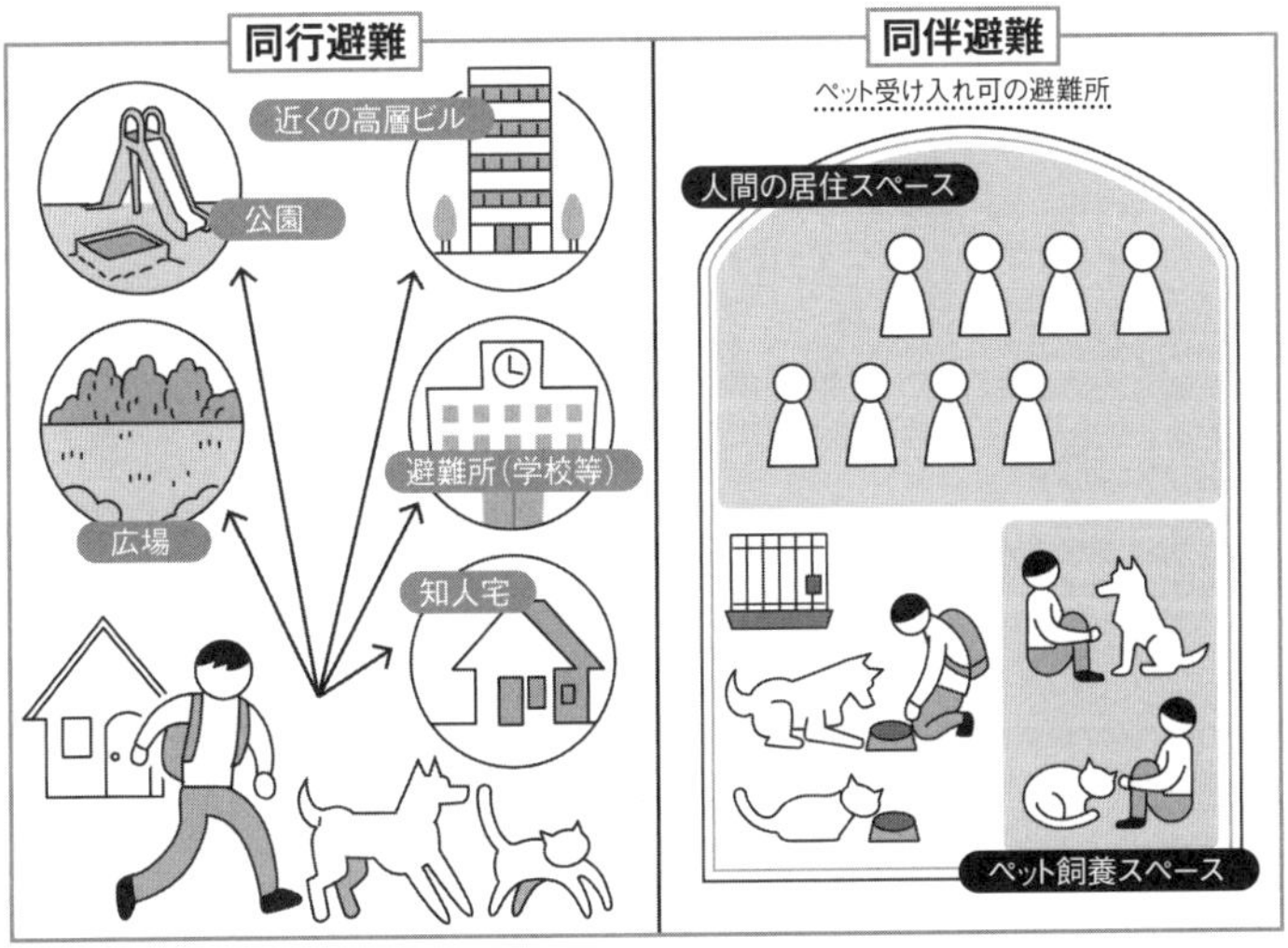

図 3-1．同行避難と同伴避難

同行避難は、公園や広場、近くの高層ビル、避難所、知人宅など、危険な場所からより安全な場所（指定緊急避難場所等）にペットとともに逃げること。同伴避難は、被災者が避難所でペットを飼養すること。避難所でのペットの飼養は、避難所が定めたルールに従って、飼い主が責任をもって行うことになる。ただし、個室で飼養できるとは限らない。飼い主と一緒の同伴避難である「同居避難」と、避難所の一角に動物だけの避難場所を設けて飼養管理する場合の２パターンある。

2. 同行避難と同伴避難

災害時には何よりも人命が優先されます。しかし近年、「ペットは家族の一員である」という意識が一般的になりつつあることから、ペットと同行避難することは、動物愛護の観点でも重要といえます。そこで、まず「同行避難」と「同伴避難」の定義を確認しておきます（図3−1）。

・同行避難…ペットと一緒により安全な場所（指定緊急避難場所や指定避難所）に移動する避難行動。

・同伴避難…被災した飼い主が同行避難後、避難所でペットを飼養管理すること。
＊ただし災害発生時に、飼い主自身の安全が確保されていることが前提。

「人とペットの災害対策ガイドライン」で定められているのは、原則として同行避難です。そして、避難後に同伴避難できるかどうかは、自治体や避難所ごとの判断に委ねられています。さらには、同伴避難といっても、飼い主と一緒の〈真の同伴避難〉である「同居避難」と、避難所の一角に動物だけの避難場所を設けて飼養管理する場合の2パターンがあります。

じつはこのガイドラインにおいて同行避難が原則となった背景には、多くの課題がありました。もともと、同行避難は飼い主に配慮した決まりではなく、過去の災害においての同行避難せずに、被災場所に取り残されたり、はぐれたり、放されたりしたペットが放浪することで次のような問題を引き起こしてしまったために検討が進められたものなのです。

・被災した飼い主の精神的負担
・ペットの野生化による人への危害
・不妊手術がされていない犬・猫の繁殖による野良犬・野良猫の増加とそれに伴う

被災地の生活環境における衛生状態の悪化
・野生動物の生活環境（生態系）への影響
・災害によって放浪したペットの保護活動に要する多大な労力と時間（被災自治体）
・ペットが負傷し、衰弱・死亡するなどの問題
など。

これらの事態を防ぐためにも、飼い主の責任として、同行避難が原則として必要となったのです。しかしその一方で、同行避難したくてもできなかった事例も多くありました。
・避難時に連れて行こうとしても（暴れるなどして）、つかまえられなかった。
・避難時に探しても見つからなかった。

また、「ペットは連れて行けない」と、飼い主が思い込んでいることもあります。「しつけができていないから……」と考え、同行避難を選ばずにペットを置いていったり、あるいは「かわいそうだから」と、飼い主自身も避難しないケースも見られました。
反対に、うまく同行避難または同伴避難できた事例としては、次のような背景が挙

げられます。

・人を怖がらないペットだった。

・他人に迷惑をかけないペットだった（お手入れ、しつけなどができていた）。

・普段から近所の人とのコミュニケーションがあった（顔見知りだった）。

同行避難に関する意識改革は、獣医師や動物看護師などによる呼びかけはもちろん、飼い主自身もいざというときにどう行動すべきかを日ごろから考えてみることが第一歩となるでしょう。同行避難の前に必ずチェックしたいポイントは次のとおりです。

□小型犬や猫は迷子札や鑑札等を付けた首輪やリードを装着した上で、キャリーバッグやケージに入れる。

□中型犬以上はリードを装着し、首輪が緩んでいないか、迷子札、鑑札等が付いているかを確認する。

□犬や猫がキャリーバッグなどの扉から逸走しないように、扉をガムテープや紐などで固定する。

□避難用品を持って指定緊急避難場所へ向かう。

もし、発災時にペットと離れた場所にいる場合は、次のようなことに留意しましょう。

・災害の種類や自分自身の被災状況、周囲の状況、自宅までの距離、避難指示などを考え、ペットを避難させることが可能かどうかを飼い主自身が判断する。

・平常時から、留守の際のペットの避難について、家族や地域住民との協力体制を構築しておく。

なお、環境省がまとめた「災害、あなたとペットは大丈夫？ 人とペットの災害対策ガイドライン〈一般飼い主編〉」に、ペットとの同行避難の流れ（災害発生から1週間）をまとめたフロー図が紹介されていますので、簡略化したものを図3-2に示します。

【TOPIC】動物のいる避難所が癒しになる？

動物とふれあう動物介在活動（Animal Assisted Activities、AAA）には、次のような効果が知られています。

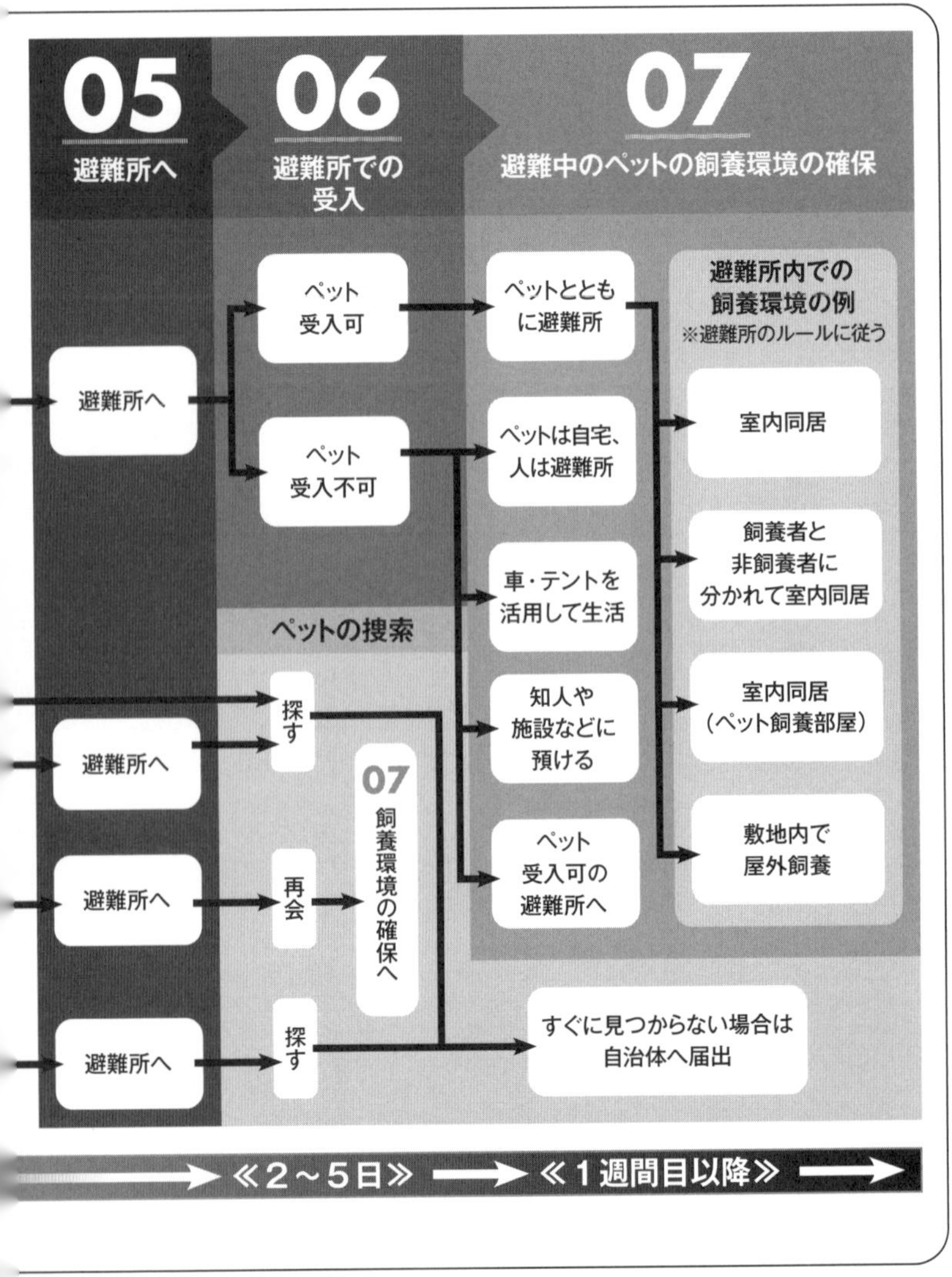
05
避難所へ
06
避難所での
受入
07
避難中のペットの飼養環境の確保
避難所へ
ペット
受入可
ペット
受入不可
ペットとともに避難所
ペットは自宅、人は避難所
車・テントを活用して生活
知人や施設などに預ける
ペット
受入可の
避難所へ
避難所内での
飼養環境の例
※避難所のルールに従う
室内同居
飼養者と
非飼養者に
分かれて室内同居
室内同居
（ペット飼養部屋）
敷地内で
屋外飼養
ペットの捜索
探す
避難所へ
再会
07
飼養環境の確保へ
避難所へ
避難所へ
探す
すぐに見つからない場合は
自治体へ届出
≪2～5日≫
≪1週間目以降≫

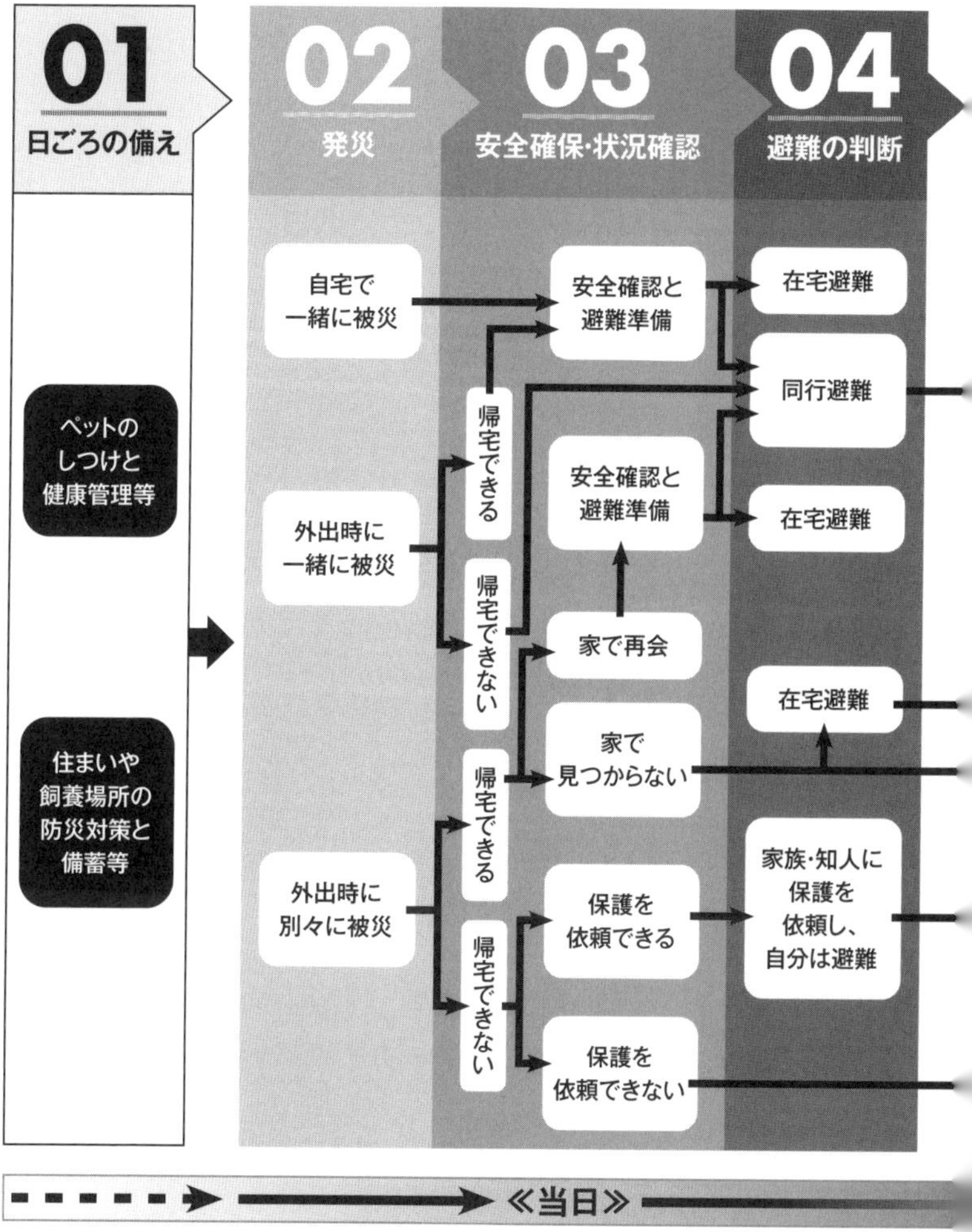

図 3-2. 同行避難の流れ（発災から1週間）

・動物が人に与える癒しに代表される「心理的効果」。
・動物を見たり、なでたりすることによる血圧や心拍数の低下。
・ストレスホルモンの低下や幸せホルモンと呼ばれるオキシトシンの分泌を促す「生理的、身体的効果」。
・動物を介して共感性や協調性が生まれる「社会的効果」。
・動物がいることで好ましい環境が得られる「シンボル効果」（動物がいると好きな人が来る、やさしくしてくれるなど）。

これらは対象者を問わず、健康寿命の延長や認知症の改善、社会的活動の促進などの良い効果があります。また、飼い主とペットが同伴避難していると、互いの精神の安定につながり、その安堵感が避難生活を好転させることがあります。しかしながら、避難所にはペットを飼っていない人たちも当然たくさんいます。動物に慣れていない人が、動物の声、ニオイ、毛などに嫌悪感を抱く、あるいは感染症やアレルギーなどを懸念することで、ストレスを感じてしまうことがあることも認識しておく必要があります。そういった意味でも、飼い主には同伴避難にあたって大いなる配慮が求められるのです。なお、動物介在活動については、第4章でも詳しく解説します。

【TOPIC】事例1　岡山県倉敷市・総社市のペット同伴避難所開設事例

２０１８年６～７月の西日本豪雨により、多くの家屋が浸水被害に遭った岡山県の倉敷市と総社市には、ペットと一緒に過ごせる「ペット同伴避難所」が数か所開設されました。総社市のスポーツセンター「きびじアリーナ」に設けられた避難所では、ペットを連れて避難した住民のために、市職員が隣のサブアリーナにブルーシートを敷き、ペットも一緒に受け入れました。さらに、総社市役所西庁舎３階の会議室をペット同伴で入れる避難所としました（後日、エアコンが使えなかったため閉鎖）。

岡山県獣医師会では、この豪雨の後、迅速な対応を行いました。往診車を使った「巡回健康診断」もそのひとつです。ノミ・ダニ予防、フィラリア予防やペット無料相談を皮切りに、狂犬病ワクチン、混合ワクチンの無料提供などを巡回健康診断にて行う支援を開始したのです。豪雨から約１か月後の７月31日には、NPO法人ピースウィンズ・ジャパンの支援のもと、昼間の一時預かりコンテナ「わんにゃんデイケアハウス」を真備総合公園（倉敷市真備町）内に開設しました（図3-3）。犬用・猫用と分かれた２つのコンテナ内はとても静かで、エアコンが２機設置されるなど、快適な環境が維持されていました。コンテナはガラス張りで、横にはドックラン（図3-4）やトリミング用車両も完備されました。獣医師会の往診は損害保険会社のレスキューカー

（図3－5）を会場として実施されました。

真備町の市立岡田小学校では、200名以上の住民が避難生活を送っていましたが、ペットの同伴避難がスムーズに運営されていました。当初は、とても蒸し暑い渡り廊下や階段下に犬が避難していましたが、それを見かねた獣医師が市長に嘆願し、同伴避難のできる体制整備が実現したそうです。同伴避難ができる場所は非飼育者に配慮し、3階奥の2つの教室を利用（図3－6）。エアコンの設置により暑さ対策も万全で、逃走防止ガードも設置されました（図3－7）。

また、同町の市立穂井田小学校には、体育館にペットと同居できる完全な同伴避難所が8月21日に開設されました。仕切られた清潔な区画に10世帯（住民25名、犬9頭、猫4頭）が同伴避難していました（図3－8）。施設内では鳴き声もせず、静かで居心地の良い環境が維持されました。玄関には、消毒薬だけでなくペット専用の汚物処理袋や排泄物置き場、掲示板なども用意され、定期的な申し送りや被災者同士のコミュニケーションを積極的に行う工夫がされました。また、獣医師による巡回診療やペット用の支援物資（各種ペットフード、ケージ、毛布、トイレシート、除菌用のウェットティッシュ、オモチャ、フードトレイなど）の提供、清掃や炊き出し、警備なども行われていました。

図 3-3. 真備総合公園内に設置された「わんにゃんデイケアハウス」

図 3-4.「わんにゃんデイケアハウス」横のドッグラン

図 3-5. アニコム損害保険株式会社のレスキューカー

図 3-6. 岡田小学校のペット同伴避難所

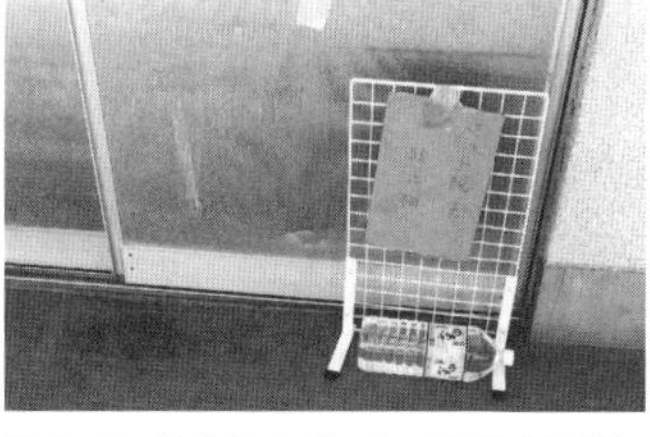

図 3-7. 逃走防止ガード（岡田小学校）

図 3-8. 穂井田小学校のペット同伴避難所

そのほか、市立二万小学校でも、校舎2階の教室がペット同伴者専用の区画になりました。床が汚れないようにブルーシートが敷かれ、エアコンや扇風機を完備することで暑さに弱いペットにもやさしい環境が整えられました。

3. 避難中のペットの飼養環境の確保

環境省の「人とペットの災害対策ガイドライン」によると、避難先でのペットについての悩みや不安でよく挙げられるのは次のような点です。

・避難してしばらく、人の支援物資はあるがペットフードの支援はなかった。
・避難所で犬が吠えて迷惑をかけるため、やむを得ず車中での避難になった。
・排泄物の放置や毛の飛散などが原因でほかの避難者とトラブルとなった。
・救援物資のペットフードを食べなくて困った。
・避難所にペットとともに避難したが、アレルギー対策用フードや療法食などの入手に苦労した。
・犬がケージに慣れていないため、過度なストレスを与えてしまった。
・犬がトイレシートに排尿、排便しなかった。

・他人や知らない場所、ほかの動物に慣れないため、どこにも預けることができなかった。
・予防接種をしていないペットが多くいたので、感染症が心配だった。

避難所でのペットの飼養環境は同伴避難になることが多く、ほかの動物と一緒の部屋、かつケージが積み重ねられた状態での避難生活が何日も続くため、日ごろからのしつけなど飼い主として求められることがいくつか挙げられます。

・知らない人や動物を怖がらないように社会化をしておく。
・吠え続けるなど、他人への迷惑となる行動を防止する。
・適正サイズのケージやキャリーバッグの中に長時間いることに慣れさせておく。
・トイレシートなど、決められた場所で排泄できるようにしておく。

以上のような準備は、ペットの健康のためにも重要なしつけとなります。大勢の人がいる避難所やさまざまな動物が集められた動物救護施設などでは、非日常的な住環境によるストレスによってペットが体調を崩すこともあります。便秘や下痢、嘔吐、食欲不振などの徴候を示すことが、ペット避難所を運営するボランティア団体などから報告されているのです。

避難所への入所時には、狂犬病ワクチンや混合ワクチンの接種歴などのチェックを受けます。しかし、さまざまな動物との接触が多くなることや、避難所の衛生状態、感染予防対策の内容によって、感染リスクが高まることも考えられます。普段からペットの健康管理（予防医療）には注意を払うようにしましょう。ワクチンによる予防接種は、犬を感染症から守るだけでなく、犬から犬への感染や、犬から人に感染する「人獣共通感染症」を防止する役割もあることから、必ず受けておくようにしましょう（後述）。

さらに、地震で家の窓枠が外れて猫が脱走することや、余震で避難所が倒壊してペットが逃げ出す事態などを想定し、ペットの繁殖や野生化を防止するために、原則として不妊（去勢）手術をしておくことも飼い主としての役割です。不妊（去勢）手術には、性的ストレスの軽減、感染症の予防、無駄吠えなどの問題行動の抑制といった効果もあるといわれています。

環境省の「人とペットの災害対策ガイドライン」では、ペットと同行・同伴避難する際の注意点を次のように挙げています。参考にしてみてください。

●避難所での飼養
・各避難所が定めたルールに従い、飼い主が責任を持って世話をする。
・飼養環境の維持管理には、飼い主同士が助け合い、協力する。

●自宅で飼養する
・支援物資や情報は、必要に応じて指定避難所などに取りに行く（自宅の安全確認を確実に行う）。

●車の中で飼養する（車中避難）。
・ペットだけを車中に残すときは、車内の温度につねに注意し、十分な飲み水を用意しておく。
・長時間、車を離れる場合には、ペットを安全な飼養場所に移動させる。
＊飼い主はエコノミークラス症候群にならないよう注意が必要。

●知人宅や施設などに預ける
・被害が及ぶ可能性が低い遠方の知人に預けることも検討しておく。

・施設に預ける場合は、条件や期間、費用などを確認しておく。後でトラブルが生じないよう、預かり覚書などを取り交わすようにする。

●いざというときに助けてくれる団体は?

災害時は自治体が人の救護などに忙殺され、ペットの対応にまで手が回りません。そんなときにひと役買うのは動物愛護団体ですが、ときに地元の獣医師会も助けとなることがあるのです。災害が発生した地域の地元獣医師会は、日本獣医師会が作成した「災害時動物救護の地域活動ガイドライン」を参考に、災害対策として積極的に救護本部の設置や支援、救護活動等を進め、避難所ではペットの治療や健康相談などの支援を行います。先述のとおり、西日本豪雨災害発生時の岡山県真備町においても岡山県獣医師会が動き、同伴避難が可能となった事例があります。かかりつけの動物病院を通して地域獣医師会に働きかけをするのも良いかもしれません。

以上のように、避難場所での課題も多いため、ペットとのスムーズな避難生活には十分な備えが重要です。愛するペットのためにも一度、具体的にイメージして、課題を考えてみましょう。また、環境省から出されている飼い主向けのパンフレット「ペットも守ろう! 防災対策~備えよう! いつもいっしょにいたいから2~」があります。災害時に動物と一緒に避難するための備えや、避難所などで気を付けることなどがまとめられているので、利用するのも良いでしょう。環境省のホームページで閲覧でき、プリントアウトもできます。

【TOPIC】 事例2 熊本地震における地域獣医師会の取り組み

2016年の熊本地震では最大震度7を観測し、夜間に発生したこともあって住民やペットたちの避難活動に混乱が生じました。しかし、地元の動物愛護団体および熊本県獣医師会の動きは迅速でした。地震発生から6日後の4月20日には、熊本市動物愛護推進協議会によって、被災者のペットの飼養状況に関する調査がスタート。5月27日には獣医師会の主導による「熊本地震ペット救護本部」が設立され、6月5日には「熊本地震ペット救援センター」も設置されました。この熊本地震ペット救援センターは、ペットの広域避難所として、飼い主不明のペットの長期預かりを実施。迷子や飼育困難となっている動物の飼い主および里親探しも並行して行い、譲渡を開始しました。

また、熊本市動物愛護センター主導で、熊本市動物愛護推進員(ボランティア)の協力のもと、衛生管理や獣医療といった動物福祉の向上にかかる費用を助成しました。これは熊本市が認める、みなし仮設住宅に住んでいる被災者を対象に、「熊本地震動物愛護寄付金に関わるペットの飼い主への助成に関するルール」に基づいて行われたものです。内容は、①混合ワクチンの接種にかかる費用、②ノミ・ダニの予防または駆除にかかる費用、③シャンプー・トリミングにかかる費用の合計で、1頭につき1万5000円を上限に助成されました。

4. 避難生活におけるペットの感染症対策

災害時における健康危機管理として最も問題となるのが感染症であり、飼い主として最低限の知識が必要です。感染症の予防及び感染症の患者に対する医療に関する法律（感染症法）では「動物等取扱業者は（中略）動物又はその死体が感染症を人に感染させることがないように、感染症の予防に関する知識及び技術の習得、動物又はその死体の適切な管理その他の必要な措置を講ずるよう努めなければならない」としています。ここには動物等取扱業者とありますが、被災時には飼い主も同様に考え、その知識という備えを持つべきでしょう。

❶ そもそも感染症とは？

感染症とは、細菌・真菌（主に皮膚糸状菌）・ウイルスなどの微生物だけでなく、ノミ・ダニなどの寄生虫も含まれます。

●飼い主は人とペットにうつる病気をほとんど知らない！

「愛玩動物の衛生管理の徹底に関するガイドライン2006」（厚生労働省）によると、動物病院で人獣共通感染症に遭遇する割合は「週に1回以上」が21％、「たまに」を含めると67％に上り、そのうち飼い主への感染を疑ったのは50％以上と比較的高い割合となっています。

しかし、飼い主の人獣共通感染症の意識調査では、「よく知っている」が0％、「飼育している動物についてはよく知っている」は1％、「あまり／全く知らない」が92％と、驚くべき結果となったのです。

●ワクチンという鎧をまとう

ワクチンとは、1回感染すると2回目以降の感染は発症しづらくなるという生体の免疫システムを利用して、感染症を予防する方法のことです。

現在の日本は以前にくらべ、ペットの感染症の発症は少なくなっていますが、その反面、警戒心が薄れてしまい、適切な予防を実施していない飼い主がいるのも事実です。感染症のなかには、極めて感染力の強いものや、感染すると重篤な症状を示すだけでなく死亡する危険性の高いもの、あるいは動物のみならず人に感染するものもあります。そのため、災害時に予防接種を受けていないことで、避難所に入れないことがあります。飼養しているペットがワクチンを接種しているか、期限は大丈夫かなどを必ず確認しておきましょう。

●ワクチンで予防できる病気にじつは人獣共通感染症がある

飼い主はワクチンで予防できる感染症については関心がありますが、混合ワクチンに入っているレプトスピラ症が人獣共通感染症であることを知らない人もいます。加えて、ペットが感染源と思われる人獣共通感染症を診察したことのある医師は、18・9％（原因動物の割合は、猫33・6％、鳥31・1％、カメ8・4％、犬3・4％、複数重複〈犬・猫・鳥ほか〉19・3％、その他3・4％）と低く（内田幸憲ほか、感染症学雑誌、2001）、医師のなかには十分な知識をもっていない人がいるのも事実です。

❷災害発生後の衛生面の課題

災害発生後に生じる公衆衛生上の課題として次のようなことが挙げられます。

・人の衛生に危害を及ぼす衛生動物のコントロール（虫、ネズミなど）。
・安全な水と食事の確保。
・地域の公衆衛生体制（組織、人員）の立て直し。
・上下水道の整備。
・ゴミ処理のニーズの評価とそれに即した適切な対応。

●害獣・害虫（衛生動物）は「ネズミとハエ」と覚えておこう！

公衆衛生の課題として、意外に知られていない重要な問題が「衛生動物」です。東日本大震災では震災直後ではなく、約2か月後にこの問題が目立ってきました。備蓄されていた保存食や水産加工工場で保存されていた魚が腐敗したことにより、ハエやネズミの大量発生が起きたのです。

ハエは腸管出血性大腸菌Ｏ１５７を媒介することもあり、大きな問題となります。また、ネズミはレプトスピラ症やサルモネラ症、ペストを媒介することもあります。さらに、ネズミの体に付着したツツガムシ、イエダニ、ノミに刺されることで、感染症や皮膚炎などの問題も生じます。ネズミの排泄物内に存在するレプトスピラ菌に汚染された土や水（水中でも生存）で経口感染すると、レプトスピラ症にかかって発熱や黄疸などを発症します。サルモネラ症は、ネズミの排泄物中のサルモネラ菌が人の手や食べものに付着することで経口感染し、急性胃腸炎など食中毒の症状を起こします。

また、災害現場ではハエやネズミの駆除だけでなく、ダニやノミの駆除、動物同士の感染症対策も必要です。日ごろからペットにはダニやノミの予防薬を与えて感染対策をし、避難所のドッグランで遊ばせた後は外部寄生虫をチェックしましょう。避難生活においても、ノミブラシなどでブラッシングして、ペットの健康と衛生状態を保ちましょう。さらには、人で問題になることはまれですが、蚊が媒介する犬フィラリア症（猫も罹患する）にも注意が必要です。

●飼い主として覚えておきたい人とペットにうつる病気（人獣共通感染症）

動物病院などで遭遇する人獣共通感染症は約200種類あります。エキノコックス症、レプトスピラ症などがよく知られています。加えて近年、ダニから感染する重症熱性血小板減少症候群（Severe fever with thrombocytopenia syndrome、SFTS）も注目されています。

動物臨床分野で一般的な真菌症、いわゆるカビの仲間による病気には、皮膚糸状菌症（主に*Microsporum canis*、症状…犬・猫は脱毛、人はリング状の赤い発疹）、アスペルギルス症（*Aspergillus fumigatus/A. flavus*、症状…人も犬・猫も鼻づまり、鼻汁、咳、呼吸困難）、カンジダ症（*Candida albicans/ non-albicans Candida*、耐性菌があり、敗血症に進行することもある。症状…人も犬・猫も皮膚や粘膜の炎症）、さらに北米でアウトブレイクしたハト糞から感染するクリプトコックス症（*Cryptococcus neoformans/C. gattii*、症状…人も犬・猫も同様に発熱はあるが、その他は感染部位によって症状が違い、呼吸器感染なら肺炎、脳脊髄液感染なら神経症状、皮膚感染なら発湿など）があります。避難所では床に寝ていることも多いため、ほこりが舞い、このような真菌を吸引してしまうことも懸念されており、注意が必要です。

●予防を考える前になぜ感染するかを考えよう

当たり前のことですが、感染源となる病原体だけでは感染が成立しません。病原体に加え、病原体が侵入する生命体（宿主）と、病原体の侵入する感染経路（経口感染、飛沫感染など）の3つがそろうと感染が成立します。つまり感染させないためには、このいずれかを断つ必要があります。感染症対策の3原則として「持ち込まない」「持ち出さない」「広げない」ことが基本なのです。もちろん3密を避けることも重要です。

●避難所外から持ち込まないためには？

避難所外からの持ち込み対策として、次のポイントが守られているかどうか注意しましょう。

・感染症のまん延地域では室内飼育をする（排泄のしつけが必要）。
・同居家族以外の人にはさわらせない（ほかの地域に住んでいる親族に注意）。
・避難所周囲にほかの動物が入らないようにする。
・室内空間を清潔区域と汚染区域に分け、とくに汚染区域の対策を徹底する。
・散歩のときにほかの人や動物との接触を避ける。
・どうしてもすれ違わなければならないときは1～1・8m以上間隔をあける。
・ほかの犬・猫の排泄物との接触を避ける。
・帰ってきたら全身を乾いた布か、蒸しタオルなどでふく。
・四肢や鼻先を蒸しタオルでふく、または必要なら洗う。

＊ふいた布（タオル）は、一度の洗濯だけでは汚れや菌が完全には落ちないので、二度洗いするか、消毒する。

●どういったものから感染するの？

避難所では床に寝ることが多いため、ほこりの吸引から感染することがあります。しかし、一般的な細菌やウイルスは、血液や排泄物、体液（涙、よだれ、鼻汁など）に含まれるため、それらとの接触により感染することが多くなります。そのため、床やシンク、ケージ内だけではなく、それらが飛び散る可能性のある天井や壁などにも注意し、清掃した後に、効果的な消毒を必ず実施しましょう。また、カビの一種で人獣共通感染症の原因である皮膚糸状菌の場合は、菌が被毛内に存在します。被毛が重要な感染源となるので、その処理も重要です。

●感染症が疑われる動物をさわったら？

感染症が疑われる動物をさわる場合は、手袋や長袖の衣服などを装着して直接肌が触れないように注意すべきです。万が一、接触してしまった場合は、着ていた衣服や靴をすぐに洗浄（二度洗い以上）するか、消毒しましょう。

●うまく清掃するためのポイントは？

清掃において最も注意すべき点は、感染性微生物であれ寄生虫であれ、いずれの場合も目に見える汚れを残さないことです。使用したタオルはすぐに洗うか、袋に入れてしっかり密閉しましょう。感染動物が通過した場所、ケージはすべて汚染された環境として徹底的に清掃します。とくに、外部寄生虫はケージの裏などの暗い場所に逃げ込む性質を持っているため、目に見える範囲だけでなく、置かれている物を動かすなどして、洗える場所であれば洗い流します。難しいようなら、可能な限り掃除機で吸い取る、もしくはふき取って、感染源となる成虫やサナギを取り除きましょう。

●やってはいけないことは?

ペットにアルコールなどの消毒薬を直接かけてはいけません。皮膚炎の原因になったり、消毒薬の種類によっては口に入ると中毒を起こすこともあるので注意が必要です。

●テーブルや床などに使う消毒薬の種類は?

テーブルや床などに使う消毒薬としては、主に次のようなものがあります。

・複合次亜塩素酸系消毒剤（次亜塩素酸ナトリウム、次亜塩素酸水［酸性電解水］）。
・酸性水（弱酸性、強酸性）*。

・オゾン水*。
・クロルヘキシジン製剤（器具類に使用）。
・逆性石鹸（器具類に使用、ウイルスには無効）。
*酸性水（弱酸性、強酸性）やオゾン水などは有効性を証明したデータのあるもの、あるいは曖昧なものなど多くの商品があるので、個々で判断する必要がある。

使用にあたっては、有効な消毒薬だからといって、過信しないようにしましょう。また、器具であれ環境であれ、汚れていては効力が弱くなってしまいます。それらを使用する前に、まずはしっかりと汚れを洗い流すことが大切なポイントです。

【TOPIC】ペットと新型コロナウイルス感染症

ペットと新型コロナウイルス感染症について報告された情報の一部を紹介します（2021年9月時点）。

・犬や猫の感染は、アメリカやブラジル、香港で報告されており、犬よりも猫のほうが感受性が高い。ランダムにサンプリングすると、犬・猫の感染率は0～6％だが、感染者の飼育していた犬・猫の感染率は12～44％となった。つまり飼い主が感染している場合は、犬・猫でも感染している割合が高いということになる。犬・猫の多くは感染しても無症状なので、屋外に出る猫は注意が必要となる。

・日本においては、アニコムグループが2020年4月より新型コロナウイルスに感染した人が飼育するペットを預かるプロジェクトを実施した際に、犬31頭、猫12頭、うさぎ1羽の合計44頭に対してPCR検査を行ったところ、感染の成立は不明だが犬2頭で「陽性」が確認された。

・中国やドイツにおける感染実験では、豚や鶏は非感受性であり、犬もほとんど感受性がなかった。一方で、猫とフェレットは感受性が高く、猫は下痢程度の臨床症状のみだが、猫から猫への感染がみられたと報告された。

・ニューヨークの動物園でのネコ科動物への感染や、ベルギーでの猫への感染が報告されている。オランダでは、毛皮用に飼われていたミンクと農場従業員の間で双方向の感染の疑いが報告されている。そこでアメリカのオークランド動物園ではフェレットに動物用ワクチン（ゾエティス）の接種が始まっている。

これらの背景から、日本獣医師会は次のような対応を推奨しています。

①感染した人と濃厚接触のあった愛玩動物（ペット）が感染する可能性は否定でき

ないことから、自身のペットを感染から守るためにも、飼い主がしっかりした感染防御の対応をとることが最も重要。

②人から猫、猫から猫への感染の可能性があることから、①のほか、猫は外に放さず室内で適正に飼養し、決して飼養放棄や遺棄することがないようにすること。

③新型コロナウイルス陽性となった飼い主が飼養するペットに臨床症状が認められたり、一時的に飼養が困難となった場合は、事前にかかりつけの獣医師と電話相談のうえ、獣医師の指示に従い、動物病院で診察を受けること。

【参考】日本獣医師会ホームページ「愛玩動物と新型コロナウイルス感染症について（2020年7月31日改訂）」、アニコム ホールディングスホームページ「犬における新型コロナウイルスの陽性を確認 #StayAnicom でお預かりしたペット、PCR検査で『陽性』の結果（2020年8月3日）」

2 ペットの避難用備蓄品について

ペットの避難用備蓄品は、災害の発生の有無にかかわらず、ペットの種類や頭数に応じて飼い主が用意しておく必要があります。ペットの同伴避難ができる指定避難所でない限り、一般の避難所には災害備蓄品としてペット用の物資は含まれていませんし、ペット用救援物資が届くまでにも日数がかかると予想されます。毎年のように発生する大規模な災害に備えて、ペットとの同行避難に必要な準備を整え、避難ルートを確認しておきましょう。

ペットの避難用備蓄品は、少なくとも5日分（できれば7日分以上）準備しておきましょう。かかりつけの動物病院が被災して診療できなくなる事態も考えると、療法食や薬などはさらに長期間分の準備が必要になります。また、人の防災用品と同様に「何がいくつ必要か」の優先順位を付け、優先順位の高いものは、避難時に持ち出しやすいようにキャリーバッグやスーツケースなどに入れておきましょう。

ペットが複数いれば、持ち出す荷物も多くなりますが、災害直後に大きな荷物を抱えての移動は危険ですので、駐車場や倉庫などに保管しておき、いったん避難した後に安全確認をしてから持ち出せるようにしておきましょう。

また、ペットの飼い主やその家族で話し合って、避難時の連絡手段や必要になるもの、持参する物品の選択や役割分担などを事前に決めておきましょう。決定事項を書き出しておけば、災害の発生時にスムーズな対応が可能になります。

●ペットの避難用備蓄品の一例

【優先順位1（動物の健康や命に関わるもの）】
・療法食、薬（入手できない場合を考え、多めに備蓄）。
・ペットフード、水（最低5日分、できれば7日分以上）。
・キャリーバッグやケージ（猫や犬、小動物には避難時に欠かせないアイテム）。
・予備の首輪、リード（伸びないもの）。
・口輪（噛みつく犬の場合）。
・食器。

・トイレ用品（トイレシート、新聞紙、ビニール袋、ウェットティッシュなど）。

【優先順位2（情報に関するもの）】

・飼い主の連絡先と飼い主以外の緊急連絡先、預け先。
・ペットの写真（プリントしたもの、携帯電話などに保存したもの）。
・ワクチンの接種状況がわかる公的証明書。

【優先順位3（ペット用品）】

・ビニールシート（ペットの管理場所での雨風除けやプライバシーの保護に）。
・タオル、ブラシ、歯磨きセット。
・ウェットタオルや清浄綿（目や耳の掃除など多用途に利用）。
・お気に入りのオモチャ（洗えるもの）。
・洗濯ネット（猫の保護や診療時に使用）。
・肉球クリーム（瓦礫などによるケガ対策）。
・ガムテープや油性ペン、水性ペン（ケージなどの修復・補強、ペット情報掲示など多用途に使える。養生テープでも可）。

ペット用の避難用品や備蓄品の確保は、飼い主が行える準備のなかで最も重要です。その詳細を表3-1〜5に理由とともに示します。ペット用の避難用品や備蓄品には優先順位があります。優先順位の高いものは、動物の健康や命に関わるものです。慢性疾患があるペットの場合はとくに優先順位として何に気を付け、何をするべきかを事前にかかりつけの獣医師と相談しておく必要があるでしょう（例：心臓病は塩分を避ける、腎臓病なら脱水を避けるなど）。

また、「ペット同行・同伴避難所、仮設住宅入所名簿 兼 登録名簿」（図3-9）やケージタグ（図3-10）を用意しておくと、避難所等での受け入れがスムーズになります。

表 3-1. 犬の避難用品・備蓄品リスト

◎：必ず入れる　○：入れておいたほうが良い　△：できれば入れるが優先度低い

	優先度	必要な理由	注意点
5日以上の水	◎	できれば7日以上 （支援物資配給までの期間）	
5日以上のフード	◎	できれば7日以上 （支援物資配給までの期間） ＊防災備蓄用の犬用非常食（アレルギーに配慮したカンパン様の製品）も市販されている	慢性疾患がある場合は療法食を準備
食器	◎	細菌の付きにくいステンレス製が良い	
首輪と迷子札	◎ （予備）	迷子対策（個体認識）	取れやすいものは避ける／予備があると良い
リード・口輪（噛みつく犬の場合）・胴輪	◎ （予備）	逸走対策	リードは伸びないもの（予備含む）／小型犬はリードを付けた上でキャリーバッグに入れる
ケージやクレート／移動用キャリー（カート）	◎	避難所ではケージ（クレート）飼育が多いため／小型犬は移動時に使うキャリーにも慣らす	ケージなどの中に入ることを嫌がらないように日ごろから慣らす／経年劣化で壊れていないかチェック（心配ならガムテープなどで周囲を固定）
排泄物の処理用具：トイレシート／オムツ／ニオイの出にくいウンチ袋など	◎	ニオイの管理はペット関連トラブルの防止に重要（新聞紙／ビニール袋／ウェットティッシュなど）	
犬の写真	○	犬と飼い主のどちらも確認できる（一緒に写った）写真／必ず犬の特徴をとらえた写真を選ぶ／画像は携帯電話にも保存しておく	
犬の健康手帳	○	予防関連記録を記入／慢性疾患がある場合は処方箋を入れておく	
緊急連絡先情報	○	飼い主以外の緊急連絡先／避難所以外の預け先などの情報	避難所以外の預け先…親戚、友人・知人、かかりつけ動物病院、ペットホテル、トリミング施設、訓練所など
薬	△ （慢性疾患）	慢性疾患がある場合（すぐに処方されないため）、理想的には2週間以上は必要／皮膚疾患は内服薬以外では外用薬・薬用シャンプーなど	長期処方できない薬もあるため獣医師に要相談
犬用靴下やバンテージ	△	徒歩時に瓦礫などによるケガを防止	部屋の中でもガラスなどの危険がある

表 3-2. 猫の避難用品・備蓄品リスト

◎：必ず入れる　○：入れておいたほうが良い　△：できれば入れるが優先度低い

	優先度	必要な理由	注意点
5日以上の水	◎	できれば7日以上（支援物資配給までの期間）	
5日以上のフード	◎	できれば7日以上（支援物資配給までの期間）	慢性疾患がある場合は療法食を準備
食器	◎	細菌の付きにくいステンレス製が良い	
首輪と迷子札	◎（予備）	迷子対策（個体認識）	取れやすいものは避ける／力が加わると外れるタイプが良い（ひっかけて首を吊ることを防止）／マイクロチップの装着を強く推奨
リード	◎（予備）	逸走対策	リードを付けた上でキャリーバッグに入れる
ケージ・移動用キャリー（カート）・洗濯ネット	◎	避難所ではケージ飼育が多いため／同行避難するため／ケージに入らないという問題あり（入らない場合は洗濯ネットで代用）	ケージなどの中に入ることを嫌がらないように日ごろから慣らす／経年劣化で壊れていないかチェック（心配ならガムテープなどで周囲を固定）
排泄物の処理用具	◎	簡易トイレは段ボールなどで作成（少量のトイレ砂／トイレシート／新聞紙など）	
猫の写真	○	猫と飼い主のどちらも確認できる（一緒に写った）写真／必ず猫の特徴をとらえた写真を選ぶ／画像は携帯電話にも保存しておく	
猫の健康手帳	○	予防関連記録を記入／慢性疾患がある場合は処方箋を入れておく	
緊急連絡先情報	○	飼い主以外の緊急連絡先／避難所以外の預け先などの情報	避難所以外の預け先…親戚、友人・知人、かかりつけ動物病院、ペットホテル、トリミング施設、訓練所など
薬	△（慢性疾患）	慢性疾患がある場合（すぐに処方されないため）、理想的には2週間以上は必要／皮膚疾患は内服薬以外では外用薬・薬用シャンプーなど	長期処方できない薬もあるため獣医師に要相談

表 3-3. 犬の予防医療・しつけ・衛生管理

◎：必ず必要　○：しておいたほうが良い

	優先度	必要な理由	注意点
不妊手術の実施	◎	逸走時の繁殖予防／避難所での性的ストレス防止	繁殖予定の場合は除く
年１回の狂犬病予防注射の実施と鑑札／狂犬病予防注射済票の装着	◎	狂犬病予防／迷子対策（個体認識）	鑑札や注射済票の装着は飼い主の義務（狂犬病予防法）
混合ワクチン	◎	避難所・シェルター等でのウイルス性疾患の予防	ワクチンアレルギーの場合は獣医師に要相談
各種寄生虫予防：犬フィラリア、ノミ、マダニなど	◎	避難所・シェルター等での寄生虫感染予防	
マイクロチップ	◎	迷子対策として個体認識（2022 年６月から新たに飼育する犬・猫は義務化）	動物 ID 普及推進会議（AIPO）等と連携して日本獣医師会で管理・運営
「待て」「おいで」「お座り」「伏せ」などの基本的なしつけ／人やほかの動物との交流	◎	トラブルが生じないためのしつけと社会化	人やほかの動物を怖がって吠えたり攻撃的にならないように慣らしておく（社会化）
排泄物の処理用具：トイレシート／オムツ／ニオイの出にくいウンチ袋など	◎	ニオイの管理はペットトラブル防止に重要（新聞紙／ビニール袋／ウェットティッシュなど）	
トイレのしつけ	○	決められた場所で排泄ができるようにする	
定期的なシャンプーやトリミング	○	つねに身体を清潔に保つことで皮膚の感染症防止／ニオイのトラブル防止	

表 3-4. 猫の予防医療・しつけ・衛生管理

◎：必ず必要　○：しておいたほうが良い

	優先度	必要な理由	注意点
不妊手術の実施	◎	逸走時の繁殖予防／避難所での性的ストレス防止	繁殖予定の場合は除く
混合ワクチン	◎	避難所・シェルター等でのウイルス性疾患の予防	ワクチンアレルギーの場合は獣医師と相談必要
各種寄生虫予防：ノミ、マダニなど	◎	避難所・シェルター等での寄生虫感染予防	
マイクロチップ	◎	迷子対策として個体認識（2022年6月から新たに飼育する犬・猫は義務化）	動物ID普及推進会議（AIPO）等と連携して日本獣医師会で管理・運営
排泄物の処理用具：トイレシート／ニオイの出にくいウンチ袋など	◎	ニオイの管理はペットトラブル防止に重要	
人やほかの動物との交流	○	トラブルが生じないためのしつけと社会化	人やほかの動物を怖がって攻撃的にならないように慣らしておく
トイレのしつけ	○（慣れたトイレ砂）	決められた場所で排泄できる／トイレ砂が変わっても排泄できる	不妊手術をしていればしつけはほとんど不要
定期的なブラッシングやシャンプー	○	つねに身体を清潔に保つことで皮膚の感染症防止／ニオイのトラブル防止	

表 3-5. 避難所で重宝するその他の備品（飼い主／犬・猫共通）

◎：必ず入れる　○：入れておいたほうが良い　△：できれば入れるが優先度低い

	優先度	必要な理由	注意点
タオル	◎	雨天時に有用	
ウェットタオル／清浄綿	○	目や耳の掃除など多用途に利用可能	
ビニール袋	○	排泄物等の処理など多用途に利用可能	
ラジオ	○	情報の獲得に有効	
ランタン	○	明かりは生活に必要／心を落ち着かせる	太陽光発電のものが良い／火を使うタイプ（ロウソク含む）は二次災害の危険性があるため避ける
ハトメ付きブルーシート	○	ペットのケージ下に敷くと掃除がしやすい／暑さ対策に有用（日陰をつくる）	
温度・湿度計	○		
お気に入りのオモチャなどニオイがついた用品	△	ストレス防止	
ガムテープ／マジック	△	避難所でのケージの補修／段ボールを用いたハウス作り／動物情報の掲示など	
防寒・保温シート／カイロ	△（時期による）	飼い主・ペットの防寒	
保冷剤／遮光ネット	△（時期による）	飼い主・ペットの暑熱対策	
虫除け用品：皮膚用スプレー／ぶら下げ型	△	感染症予防	
ウイルスまで対応可能な消毒薬	△	感染症予防／ニオイを絶つ	強酸性電解質などの次亜塩素酸系消毒薬が有効
車中泊に対応した備え	△	車の中に敷くブルーシート／車の中に入れられるケージなど	ペットは避難所内ではなく車中泊が多くなるため、その備えが必要

ペット同行・同伴避難所、仮設住宅入所名簿 兼 登録名簿

<table>
<tr><td rowspan="2">ペットの写真</td><td rowspan="2">飼い主等の写真
※家族・預かり主・保護者・管理者等</td><td>避難所名</td><td></td></tr>
<tr><td>避難所における登録番号</td><td></td></tr>
<tr><td>入所日および出発地</td><td colspan="3">月　　日
自宅・その他（　　　　）</td></tr>
<tr><td>退所日および行き先</td><td colspan="3">月　　日
自宅・その他（　　　　）</td></tr>
<tr><td rowspan="4">飼い主の情報
または発見者、保護者、
預かり者や団体、
引き取り者の情報</td><td>氏名</td><td colspan="2"></td></tr>
<tr><td>住所</td><td colspan="2"></td></tr>
<tr><td>連絡先</td><td colspan="2"></td></tr>
<tr><td>避難している教室や場所等</td><td colspan="2"></td></tr>
<tr><td rowspan="5">ペットの情報</td><td>名前</td><td colspan="2"></td></tr>
<tr><td>飼育動物の種類</td><td colspan="2">•動物種：犬・猫・その他　種類：
•個体数：犬（　　）猫（　　）その他（　　）</td></tr>
<tr><td>生年月日</td><td colspan="2">年　　月　　日（　　歳）※不明な場合は推定年齢</td></tr>
<tr><td>飼育動物の特徴</td><td colspan="2">•性別：オス・メス　　•体重：　　kg
•品種：雑種・純血種（　　）
•不妊・去勢の有無：実施済・未実施　　•毛色：（　　）
•その他：（　　）</td></tr>
<tr><td>予防接種の有無</td><td colspan="2">狂犬病ワクチン接種：無・有（最終接種日：　　年　　月　　日）
混合ワクチン接種（　種）：無・有（最終接種日：　　年　　月　　日）
フィラリア予防薬：無・有（投与期間：　月―　月、種類：　　）
ノミ・ダニ・寄生虫等駆除薬：無・有（最終投与日：　　年　　月　　日）
駆除薬の種類：（滴下式・経口薬・噴霧薬：種類　　）</td></tr>
</table>

図 3-9. ペット同行・同伴避難所、仮設住宅入所名簿 兼 登録名簿

<table>
<tr><td rowspan="9">ペットの情報</td><td>犬の登録情報</td><td>鑑札番号：第　　　　　　　　　　　号
注射済票番号：　　年度　　第　　　　　　　号　市区町村：（　　　　　）</td></tr>
<tr><td>個体識別の有無
マイクロチップ等</td><td>個体識別：有・無
個体識別方法（迷子札・狂犬病鑑札・注射済票・その他　　　　　　　）
マイクロチップ番号：</td></tr>
<tr><td>特徴</td><td>毛の色や模様、しっぽの長さ、形、耳の形、目の色、鼻の色などの体の特徴や
人に対する特性（怖がる、吠える、噛みつく）などできるだけ多く。</td></tr>
<tr><td>ペット保険</td><td>加入会社名：
保険証番号：</td></tr>
<tr><td>治療中疾病</td><td>持病：有・無
疾病名（　　　　　　　　　　）</td></tr>
<tr><td>服用薬</td><td>無・有（種類：　　　　　　　　）
服用回数（　　　　　　　　　　）</td></tr>
<tr><td>アレルギー等</td><td>無・有（種類：　　　　　　　　）</td></tr>
<tr><td>動物病院情報
01</td><td>動物病院名：
電話番号：
獣医師名：</td></tr>
<tr><td>動物病院情報
02</td><td>動物病院名：
電話番号：
獣医師名：</td></tr>
<tr><td colspan="2">避難所内の飼育場所
ケージ番号</td><td></td></tr>
<tr><td colspan="2">その他</td><td></td></tr>
</table>

図 3-9. ペット同行・同伴避難所、仮設住宅入所名簿 兼 登録名簿（続き）

避難所名	
登録・ケージ番号	
ペットの名前	
飼い主名	
飼い主等の居場所	
飼い主等の連絡先	
特記事項	

図 3-10. ケージタグ

Pet First Aid

第4章

動物の保護と介在活動

1 海外の動物保護活動

1. 国際的動物福祉の基本（5つの自由）

動物福祉への取り組みは国によってさまざまですが、人間をはじめすべての生きものは「衆生《しゅじょう》（生きとし生けるもの）」です。とくに牛・馬・豚などの産業動物や動物園で展示されている動物、新薬開発のための実験動物、人間が飼養する家庭動物・伴侶動物（ペット）などに対して、「すべての動物は命あるものである」、「それぞれに意識や生きる権利があり、動物の幸福や苦しみに配慮すべきである」という信念に基づき、動物福祉が進められています。

各国の動物福祉団体のなかには、産業動物がどのように食用として屠殺されているか、実験動物が科学研究にどのように利用されているか、人間に関わる動物たちがどのように飼養されているか（ペット、動物園、農場、サーカスなど）、人間の活動が野生種の福祉や生存にどのような影響を与えているかなどを研究し、イベントや広報活動を通じて、動物福祉の向上と人と動物の健康で安全な共生社会を目指している組織もあります。

１９６０年代にイギリスで「５つの自由」という動物福祉の基本的な考え方が生まれました。５つの自由とは、「飢えと渇きからの自由」「不快からの自由」「痛み・傷害・病気からの自由」「恐怖や抑圧からの自由」「正常な行動を表現する自由」で構成され（表4-1）、日本を含め世界中の動物福祉の基本になっています。

2. インド・アメリカ・ドイツの事例

❶インド　アニマルエイド

インド北西部のラージャスターン州ウダイプルでアニマルレスキューを行っている慈善事業団体が「アニマルエイド」です。歩けなくなったり、病気で苦しんでいる動物を助けるために必要なことは、「助かることを強く信じて、助かった状態をイメージし、助かるまで日々、愛を与え続けること」というクレア・アブラムス・マイヤーズ（アニマルエ

表 4-1. 国際的動物福祉の基本（5つの自由）

1	**飢えと渇きからの自由**
	・その動物にとって適切かつ栄養的に十分な食物が与えられているか？ ・いつでもきれいな水が飲めるようになっているか？
2	**不快からの自由**
	・その動物にとって適切な環境下で飼育されているか？ ・その環境は清潔に維持されているか？ ・その環境に風雪雨や炎天を避けられる快適な休息場所があるか？ ・その環境にケガをするような鋭利な突起物はないか？
3	**痛み・傷害・病気からの自由**
	・病気にならないように普段から健康管理・予防はしているか？ ・痛み、外傷あるいは疾病の兆候を示していないか？ ・そうであれば、その状態が診療・治療されているか？
4	**恐怖や抑圧からの自由**
	・動物は恐怖や精神的苦痛（不安）や多大なストレスがかかっている兆候を示していないか？ ・そうであれば、原因を確認して的確な対応が取れているか？
5	**正常な行動を表現する自由**
	・動物が正常な行動を表現するための十分な空間・適切な環境が与えられているか？ ・動物がその習性に応じて群れあるいは単独で飼育されているか？ ・また、離すことが必要である場合には、そのように飼育されているか？

イド創設者の娘）の言葉を理念に活動しています。

アニマルエイドの創設者であり、マネージングディレクターのジムとエリカ、そして娘のクレアはアメリカのシアトル出身です。１９９０年代の初めごろ、インドを訪れたジムとエリカは年に数度、数か月間ずつ、ウダイプルに住み始めました。それから15年以上インドに住み、現在はアニマルエイド・シェルターのすぐ隣に住居と診療施設を構え、動物たちのケアや管理を行っています。

ジムとエリカは、ウダイプルで多くの時間を過ごすうちに、負傷した動物が路上にいても誰も助けず、手当てもされないことに気付きました。彼らは、動物たちが苦しむ姿を見るたびに心を深く痛め、動物を助けるのには何が必要で、何をすべきかもわからないまま、２００２年にアニマルエイドを設立しました。２００３年に初めて獣医師を雇い、同じ年に動物病院を開設しました。最初の数か月間のスタッフは４名。救急車はなく、電話もありませんでした。

じつは周辺の多くの住民たちも、動物たちを助けたいという気持ちはあったのです。しかし、それまでウダイプルには野生動物のための病院はなく、具体的な方法がわかりませんでした。しかし、この動物病院の開設をきっかけに住民たちの意識が変わり、アニマルエイドの動物救助活動は急速に発展しました。

2017年までの15年間で、救助や治療を施した動物は6万頭以上に上ります。今では50名の常勤スタッフを抱え、ボランティアの協力も得ながら、負傷した動物などが再び元の生活を送れるように、施設内で心身のケアを行い、リハビリなども実施しています。近年では、世界中で活動するアニマルレスキュー関係者、動物の救急法の指導者、殺処分などペットや動物にまつわる問題の改善に取り組む人々や団体が毎日のようにここを訪れ、動物たちにふれあい、さまざまなことを学んでいます。

また、アニマルエイドは映像も配信しており（ホームページから閲覧可能）、世界中の消防士やレスキュー隊員、救急隊員たちに視聴されています。動物の救助事例を具体的に知ることで、救命救急法の実践に活かされるなど、動物を助けるための研究映像として使われているのです。彼らの救助映像を見ていて驚くことは、レスキュースタッフが素手や半袖、草履など軽装であること、そして救助に使うロープや網なども長さが不揃いであったり、ほころんでいたりと質素なことです。

アニマルエイドは有志からの寄付のみで運営されています。限られた条件のなかで、動物たちの命を助けるボランティアを育て、医療やケアが必要な動物の元へ出動し、必要最低限の方法で多くの命を救っています。特別な施設や高価な救助資機材、充実した医薬品はないのかもしれませんが、たくさんの人々の愛情や熱意によって多くの動物たちが助けられているのです。

❷アメリカ　アニマルポリス、アニマルコップス

アメリカには、動物愛護警察官（ＡＰＰＯ）という動物専門の警察官（通称アニマルポリス、アニマルコップス）がいます。彼らは、動物と人間とのあいだのさまざまなトラブルに対応し、社会における共生を支援しています。

動物愛護警察官は専門の訓練を受けた法執行官です。一般の警察官と同じような職権を持ち、動物とその扱いに関する郡の条例や州法を執行する責任があります。主な役割は、ペットや動物を人道的に支援しながら保護することです。

たとえば、地域住民から「近所の犬の毛や爪がトリミングされていない」、「散歩をさせていない」、「雪の積もる寒い日でも屋外でつながれている」といった通報があれば、飼い主に具体的な飼養改善指導を行います。それでも改善しなければ、虐待とみなして、段階的な行政指導を行うのです。もちろん、虐待を受けている動物がいれば強制的に保護します。あるいは、健全な環境を保つことができない無理な多頭飼育が見られれば、その予兆段階から介入します。指導をしても改善がまるで見られない場合や、警告に従わない飼い主がいれば、逮捕することもできます。

ところが、動物への残虐行為を行う人、もしくは、目撃したり聞いたりする人々の多くは、動物虐待に対する法的措置（動物虐待法等）を認識していません。

アメリカは州によって法律もさまざまで、動物に関するいろいろな罰則が細かく決められています。とくに家庭で飼養されているペットは、主に州の動物虐待法等の対象となっています。罰則などは州や郡ごとに異なりますが、たとえば、ペットのシートベルト着用義務違反が60ドル、ノーリードの散歩が100ドル、悪質な虐待に対しては禁固刑も用意されています。動物への残虐行為が軽犯罪とされている州では、動物に対する故意の残虐行為の罪を犯した個人は、約1年の懲役と1000ドルの罰金が科せられます。多くの場合、加害者は保護観察以上の刑を受けることはありません。

ただし、動物に対して暴力的な人は、家族やほかの人に対しても暴力的になることがあるため、州によっては動物虐待歴がある人を自治体のホームページで写真付きで公開することもあります。さらに、不動産会社は賃貸物件を貸す際、借り主に半径1km以内に動物虐待歴がある人がいないことなどを伝えることが条例で決められていることもあります。

しかし、意図的な動物への残虐行為で逮捕される人は年々増えています。残念ながら、動物に対して最も凶悪な罪を犯した人でも、法律の範囲内で起訴されないことが多いのです。そのため、アメリカの動物愛護団体は、保護した動物の適切な世話と動物虐待を防ぐ方法について、子どもから大人まで継続的に教育するために日々活動しています。

❸ドイツ　ティアハイム

ドイツでは、ペットを飼おうと思ったら、まずは民間の動物保護協会が運営する「ティアハイム」に行くそうです。ティアハイムとは、ドイツ語で「保護施設」を意味します。ドイツ国内に500か所以上あり、動物たちが幸せに生きるための仕組みづくりや教育、動物の殺処分を行わないための取り組みを進めています。

たとえば、個人や家族が里親として動物を迎えるときには、収入や納税履歴、先住ペットの有無、飼養面積や環境、家族構成、労働時間、過去の飼養歴などが詳細に調査され、適切に飼養できるかどうか厳しく審査されます。飼養環境については、「屋外で飼う場合は、小屋の床に断熱材を使用しなければならない」、「ケージで飼うなら、1頭につき最低6平方mの広さを確保しなければならない」などの条例もあります。

ドイツをはじめ、オーストリア、オランダ、チェコ、スイス、フィンランドには「犬税」もあります。税額は州によって異なりますが、ベルリンでは1頭目が120ユーロ、2頭目からは180ユーロとなっています。じつは日本でも、1982年まで、市町村によっては犬を飼う世帯が「犬税（1頭につき年300円程度）」を納める税制度がありました。1955年ごろは全国で約2700もの自治体で犬税が採用されていたのです。

❹アメリカ・インディアナ州　保護猫と受刑者のプログラム

2015年、アメリカ・インディアナ州の動物保護連盟は「愛情の再構築と献身による猫と受刑者のリハビリテーション、Feline and Offenders Rehabilitation with Affection,Reformation and Dedication（FORWARD）」というプログラムを州の刑務所で開始しました。このプログラムは、動物虐待や性犯罪歴のない受刑者に猫の世話をさせるというものです。世話を受けるのは、動物保護施設（シェルター）で保護されている猫で、このプログラムにふさわしい猫が選ばれて州の刑務所に運ばれます。これは、受刑者とシェルター猫の双方にメリットがあります。

シェルターに収容された猫たちの多くは、虐待や飼養放棄を受けた経験があり、簡単には人との信頼関係を築くことができません。しかし、そんな猫たちと似通った境遇で育った受刑者も多いため、共感しながら世話にあたります。すると、猫たちは少しずつ心を開いて、人を信頼することを学んでいくのです。このプログラムで猫たちは、里親に受け入れられやすいように、しつけやトレーニングを施されます。そのような社会化により、より早く里親と出会えることを目指します。

受刑者たちは、このプログラムに参加する前に約2週間のトレーニングを受けます。猫の習性、猫の仕草から気付くべきこと、猫と良好な関係を築くための方法などを具体的に学びます。プログラムは、受刑者が心を開いて猫を受け入れるところから始まります。そして、猫との時間を送るにつれ、猫と受刑者との間に信頼や絆が自然と育っていきます。ちなみに、受刑者がこのプログラムに参加するためには、特定の基準を満たす必要があります。さまざまな矯正プログラムへの参加率が高く、健康・衛生状態が良好で、模範的な行動をとれるかどうかといったことが判断基準になります。

猫の飼養責任者になった受刑者は、日々の世話により強い責任感を覚えます。猫の性格などを把握し、猫の問題行動をどのようにして改善するかを考えるなど、無条件の愛を注ぎ続けながら、責任感を持って向き合うのです。さらに、受刑者たちは猫が自由に登れる木やトンネルなど、さまざまな遊び場所を手作りします。なかには、お気に入りの猫のために帽子を編んだりする受刑者もいるのだとか。

このプログラムが開始されてから、すでに１０００頭以上の猫たちが里親にめぐり会いました。受刑者たちの更生にもつながり、出所後は学校に入学したり、仕事を得たりして、社会の規則を守りながら社会活動を再開しています。

刑務所における動物介在更正プログラムでは、受刑者の精神面や生活習慣の安定、心を開くことによるコミュニケーション力の向上が認められています。動物愛護活動を通じ、これからも多くの受刑者が命の存在を受け入れ、わかり合う気持ちを学ぶことが期待されているのです。保護猫と受刑者というユニークなパートナーシップは、双方に多大な利益をもたらし、成功を収めています。

❺アメリカ・ルイジアナ州　塀の中の動物保護施設

アメリカ・ルイジアナ州ジャクソン郡にあるディクソン更生施設（ＤＣＩ）には、動物好きの刑務官と受刑者たちが運営する犬と猫の保護施設「ペン・パルズ動物保護施設」があります。ここでは40頭ほどの犬と20頭ほどの猫を、５名の選ばれた受刑者が世話をしています。

受刑者たちは担当動物たちを6時半から18時まで、年中無休でケアしています。早朝の食事に始まり、ケージ内の糞尿の後片付けから掃除、午後は犬の散歩や「お座り」「伏せ」「待て」などのトレーニング、夕食後の散歩など仕事は多岐にわたります。さらにはルイジアナ州立大学からやってくる獣医師による健康診断や手術のアシスタントまでこなすこともあり、出所後に動物看護師になった受刑者もいるようです。

30代の男性受刑者は、赤ちゃんのときに道路に捨てられ、ストリートギャングに育てられました。麻薬の密売で有罪判決を受け、服役中にこの動物介在更正プログラムに参加することになりました。彼は「受刑中に多くの動物たちと接したことは、自分が生きてきたなかでも最高の経験でした。さまざまな動物たちの生い立ちに共感することができましたし、日々の世話や訓練を通じて、規則正しい生活など多くのことを学ぶことができました」と語っています。

この施設ができた2005年、大型のハリケーン「カトリーナ」がルイジアナ州を襲いました。そして、避難所に動物を連れて入ることができなかったため、多くの飼い主がやむなく自宅にペットを放置して避難することを余儀なくされたのです。結果的に、ニューオーリンズでは、じつに5万頭以上もの動物が過酷な状況に取り残される事態となりました。動物たちは家の中に閉じ込められたり、フェンスに鎖でつながれたりしたまま、高温（38℃程度）で食料や清潔な水がない過酷な状況に放置されました。飼い主は、数時間程度で最愛のペットを迎えに行くつもりでしたが、救助を待っているうちに、数時間の見込みが数日後になってしまったのです。

これらの動物たちを救助する側もまた被災者であり、深刻な人員不足に陥っていました。水害は広域にわたり、救助活動の範囲も広大です。移動手段（アニマルレスキュー車両やボート等）もままならず、救助は難航を極めたのです。そのような状況下、救助者たちの声や、悲惨な状況にある動物たちへの同情から、地域のボランティアが救助に立ち上がりました。さらには、ルイジアナ州公安・矯正局とディクソン更生施設が、家族を失った多くの動物を収容するかたちで支援しました。

やがてディクソン更生施設内に動物診療所が開設されると、動物虐待歴や性犯罪歴等のない受刑者が選ばれ、さまざまな動物の世話をするための訓練を受けました。その後、受刑者の動物に対する献身的な態度に動物保護団体の職員が感銘を受け、同団体、アメリカ政府、ルイジアナ州立大学獣医学部から60万ドル（約6500万円）ほどの資金がディクソン更生施設に提供され、恒久的な動物保護施設を作る運びとなったのです。

「保護された動物たちが施設に連れて来られるとき、彼らはとても緊張し、怯えています。見知らぬ環境で、今まで一緒に暮らし、心を許していた家族もいない。受刑者も同じ気持ちを味わっているから、動物たちに共感して愛情や理解を示すのだと思います。受刑者たちは動物を抱いたりなでたりと、きちんと面倒をみて、健康で安全な生活を送らせます。自分が動物に与えているものと同じ、セカンドチャンスを得るために……」とディクソン更生施設のマネージャーは語っています。

2 動物介在介入と動物介在医療

前節で動物介在活動の意義について少しふれましたが、ここからはさらに詳しく紹介していきます。

近年、「犬やそのほかの動物は、さまざまな方法で人をサポートすることができる」という認識が広まり、犬をケアに活用する医療現場やソーシャルケア（社会福祉）が増加しました。以前から多くの介護施設で犬の定期的な訪問が奨励されており、さらには学校や病院などでも、犬が大きな役割を果たす機会が増えてきています。

そのように、人と接し、ふれあいや交流を通じて人の心身の癒やしや活力となるよう高度に訓練された犬はセラピードッグと呼ばれ、その数は世界的に大きく増加しています。身体に障害がある人だけではなく、持病がある人や精神的な疾患のある人々に対してもサポートしているのです。犬がさまざまな障害や疾患を持つ人々の生活に大きな影響を与えられることがわかっていますので、これは前向きな動きだといえるでしょう。

しかし、犬を医療現場に置くことには懸念されることもあることから、それらに対処していく必要があります。実際、犬を迎えている多くの医療施設が、独自のガイダンス、ポリシー、プロトコル（実施要綱）を策定しています。それにより、アレルギーや感染の予防・管理など衛生上の問題への対策が確保されています。たとえば、イギリスの王立看護協会をはじめ、動物介在療法や補助犬のトレーニングを行う多くの慈善団体は、どの医療現場でも対応できるような明確なガイドラインや普遍的なプロトコルを開発することが有効であると考えているのです。

1．医療現場を訪れる犬への理解

犬はさまざまな理由や役割で医療施設を訪れます。医療現場に関わる犬の主な種類は次のとおりです。

❶ 補助犬

補助犬は、次のような障害や問題を持つ人々の手助けをするため、特別な訓練を積んだ犬のことをいい、その仕事は多岐にわたります。

・盲導犬…視覚障害または視力を喪失した人をサポートする。
・聴導犬…難聴や聴覚障害のある人をサポートする。
・介助犬…着替えを手伝う、床に落ちたものを拾う、車イスを引っ張る、ドアを開閉するなど、人の移動や動作を助けて日常生活をサポートする。
・メディカルアラート犬…パートナーの健康状態をつねに看視し、健康状態が急激に悪化するような緊迫した症状などを感知して、救急対応ができるよう訓練された犬。たとえば、糖尿病患者の飼い主の低血糖や高血糖を周囲に知らせたり、必要なものを運んだりする（例…1型糖尿病、アジソン病、体位性起立性頻拍症候群、発作、重度のアレルギー）。
・自閉症支援犬…自閉症の人をサポートする。
・感情支援犬…感情障害のある人をサポートする。

補助犬は24時間飼い主と一緒にいて、実質的な介助はもちろん、伴侶（コンパニオン）として寄り添い、精神的不安を和らげる手助けなどを含めて、生活の中でとりわけ重要な役割を果たしています。また、身体障害者補助犬法により、特別な状況を除いて、

表 4-2. 動物介在介入

	動物介在介入（Animal Assisted Interventions: AAI）
1	動物介在療法（Animal Assisted Therapy: AAT）、 動物介在プレイセラピー（Animal Assisted Play Therapy: AAPT）
	医療や福祉現場に意図的に動物を取り入れる動物介在介入。医療や福祉の専門家が治療などのプログラムに組み入れる
2	動物介在活動（Animar Assisted Activities: AAA）
	多くのセラピー犬ボランティアによって実施されている最も一般的な動物介在介入。レクリエーションに意図的に動物を取り入れて、楽しみや意欲の増進など生活の質を向上させる
3	動物介在教育（Animal Assisted Education: AAE）
	教育（対象は主に子ども）に意図的に動物を取り入れる動物介在介入

公共施設をはじめ、病院、宿泊施設、飲食店など不特定多数の人が集まる民間施設でも補助犬を受け入れることが義務づけられています。

補助犬は、主にその育成を専門とする慈善団体やボランティアによって訓練されています。医療施設は、その犬が本物の補助犬として分類される基準を満たしていることを確認する必要があります。

❷動物介在介入および訪問犬

動物介在介入とは、医療や教育などの現場に動物を意図的に組み込み、人の健康、社会福祉など人的サービス、教育に介入することを指します。

動物介在介入は目的により、「動物介在療法」「動物介在活動」「動物介在教育」に分類されます（表4-2）。

動物介在療法は、医療や福祉現場に意図的に動物を取り入れる動物介在介入です。医療や福祉の専門家と、特別な訓練を受け、かつ専門知識を持ったハンドラーと犬が一緒になって進めていきます。動物介在療法に従事する犬は、介護人（医療従事者等）に加えて、つねにハンドラーを必要とします。ハンドラーと犬は、患者個々のケアのために立てられた計画の一部を担当します。もちろんその実施にあたっては、文書化して評価される仕組みを目標にしなければなりません。動物介在療法は、集中治療室や一般治療室を含む多くの医療現場への貢献を目的に、各国の文化や慣例などに従いながら進歩してきています。

動物介在活動は、人の生活の質への貢献を目指すもので、動物介在介入の最も一般的な目的となります。学校、医療または社会的ケアの現場にいるグループや個人を訪問し、犬とふれあってもらい、犬とのつながりを感じられるように支援します。動物介在活動を行う犬の多くはハンドラーにより飼養されていますが、ハンドラーの大半はこうした活動をボランティアとして行っています。

動物介在介入にあたる犬は、「訪問動物介在介入団体に登録されている犬」、あるいは

表 4-3. 動物介在介入にあたる犬

訪問動物介在介入団体に登録されている犬
訪問動物介在介入団体（たとえば、イギリスのPets as Therapy、日本では一般財団法人 国際セラピードッグ協会のような団体）によって査定され、その団体にボランティアとして登録している飼い主（ハンドラー）が同伴する
医療現場での動物介在介入のために特別に訓練された犬
特別に訓練された犬で、動物介在介入サービスを提供する団体の中で高度な訓練を受けたハンドラーとともに活動する。患者のために用意された治療計画の一環として、医療の専門家と連携する

「医療現場での動物介在介入のために特別に訓練された犬」となります（表4-3）。

❸ 患者の愛犬

ときに、医療現場にいる患者が「愛犬を連れて来てほしい」と頼むことがあります。患者が愛犬と一緒に過ごすこと自体は良いことではありますが、多くの場合、医療現場は犬にとって馴染みのない環境です。ペットとして暮らす犬の多くは、気質を確かめる検査を受けた経験がなく、さまざまな環境に対応できるような訓練も受けていないことを認識しておく必要があります。同様に、病院職員が犬の健康状態や予防接種歴などの必要条件を評価することは難しいものです。そのため、例外的な状況を除いて、ペットの犬を医療施設で受け入れることは禁止されています。

例外として考えられるのは、患者が愛犬に会うことが適切で望ましい場合（ホスピス・緩和ケアなど）、あるいは会うことが可能な環境を用意できる場合などです。そういったケースでは、犬の責任者が申請書に記入することを勧めます。

❹ＰＴＳＤ介助犬

アメリカには、ＰＴＳＤ（心的外傷後ストレス障害）を持つ帰還兵や退役軍人の生活を支援するために、特別に訓練されたサービスドッグ「ＰＴＳＤ介助犬」がいます。日本ではまだあまり馴染みはありませんが、医療に関わる犬という視点から、その役割や活動を紹介します。

●ＰＴＳＤ介助犬の役割

ＰＴＳＤ介助犬は次のような惨事体験を持つ人を介助しています。

・戦闘などの武力攻撃により他者を殺傷してしまい、その心の傷を抱える人。
・軍事攻撃や戦場体験により心身に傷を受けた人。
・テロ攻撃に遭遇した人。
・性的暴行（虐待）または肉体的暴行（虐待）を受けた人（子ども）。

・重大な事故（交通死亡事故など）に遭遇した人。
・火災、竜巻、ハリケーン、洪水、地震などの自然災害に遭遇した人。

具体的な役割は次のとおりです。
・ＰＴＳＤのリスクを抱える人の心理的介助
・ＰＴＳＤの発症中の治療介助
・感情過負荷に対処するための心理的介助
・暴行などに対するセキュリティ（警護）介助
など。

【参考】Man's best friend helps NC Guardsman with PTSD

ＰＴＳＤ介助犬は、ＰＴＳＤで苦しむ人々の生活に安全、安心や落ち着き、適度な健康的運動を提供するよう特別に訓練されています。その訓練には、ＰＴＳＤを抱える人に生じる、さまざまな症状が引き起こす生活影響への改善サポートが含まれています。激しく怒る、悲しむ、混乱するなど、セルフコントロールが難しい人をサポートするため、その症状に応じて個別に訓練されているのです。

そうした訓練をクリアした犬たちは、補助犬と同様に、自分のパートナー（飼い主）の障害を事前に察知し、予防や緩和のための行動をとります。ＰＴＳＤ患者が公共の場所で混乱したり、急に発症して立ち往生することを防ぎ、日々の生活が穏やかなものになるよう助けているのです。

●ＰＴＳＤ介助犬の救急現場での活動

アメリカでは、ＰＴＳＤ介助犬は救急現場でも活動しています。具体的には次のような悲惨な現場で、犬好きの要救助者（ケガなどで救助を必要とする人）を心理的にリラックスさせ、急性ストレス障害の予防や、将来的にＰＴＳＤになる可能性（要因）を排除する役割を果たしています。

・幼児や子どもが同乗する交通事故で両親が即死した場合
・火災や地震などで被災し、惨事の光景を強く体験してしまった人がいる場合
・性的暴行やＤＶなど暴力行為で救急車出動要請があった場合
・自損や自傷行為で救急車出動要請があった場合

など。

では、ＰＴＳＤ介助犬は日本には必要はないのでしょうか？　決してそうではありません。さまざまな災害においては、被災者はもちろん、消防、自衛隊、警察、自治体の災害・危機管理担当者、災害ボランティア関係者など、災害現場活動に携わるさまざまな人々も急性ストレス障害、あるいはＰＴＳＤを発症する可能性があります。「助かる命を助けた後は、助かる心を助ける」ために、ＰＴＳＤ介助犬の育成プログラムなど、未来の被災者と災害現場活動に携わる人々を助ける仕組みを具体的に増やしていくべきだと心から強く願います。

2．ペット同伴入院・ペット連れ面会

病気やケガなどで入院する際、ともに暮らしているペットが病室でそばにいてくれる……。そんな入院生活が実現したら素敵だと思いませんか？（図4-1）

最近では、一人暮らしでペットを飼っている人も増えてきました。その人が救急患者として搬送される際、ペットの預け先（親類や友人、隣近所の知り合い、ペットシッターやかかりつけの獣医師など）がなければ、救急隊員はどう判断するでしょう。日

図 4-1. ペットと一緒の入院生活が実現すればどんなに素敵だろう

本でもそういった事例は増えると予想されますが、ペットと一緒に病院まで搬送してもらえるのでしょうか。

残念ながら、一緒に病院まで搬送してもらえたとしても、ペットは病院（病室）には入れてもらえないでしょう。病院側には、ペット同伴での入院を受け入れる、あるいは院内にペットと会える場所を設置・管理する仕組みがないのが現状だと思います。

ペットの預け先が確保できたり、動物愛護（管理）センターが業務時間中であれば、飼い主が戻るまで預かってくれるかもしれません。しかし、ペットにとっても飼い主にとっても、突然、何日も何週間も引き離された生活を強いられることは、耐えきれないほど悲しく、お互いに寂しい気持ちになることでしょう。

末期がんなどの患者をケアするホスピス・緩和ケア病棟では、ペットを連れてのお見舞いを許可する病院が日本でも増えているようです。しかし、一般的な病棟でのペット同伴入院を認める病院は今のところほとんどありません。

では、将来的にペット同伴入院を実現するためには、どのような取り組みが求められるでしょうか。もちろん、どんなペットでも可能になるわけではありません。医師とペットの担当獣医師が連携し、そのための検査や審査が必要となるでしょう。ほかの入院患者の生活や病院スタッフに迷惑をかけないといった条件付きで、同伴入院あるいは院内施設での面会など、ペットと飼い主の接触が可能になるのです。

入院期間中のペットの預け費用が補償されるオプションが付いた入院保険も必要かもしれません。実際、ペットの里親募集情報サイトなどを見てみると、飼い主の長期入院や療養によって、里親を探さなければならない状況に陥った事例がとても多いのです。そのような多面的な取り組みが求められます。

❶ペット同伴入院やペット連れ面会を実現するために

日本には、約6000の有床病院がありますが、各市町村に1か所でも、ペット同伴入院やペット連れ面会が可能な施設を持つ指定病院ができれば、保護や殺処分対象になるペットを減らすことができます。

動物が病院に入るのは不衛生だと、（医学的な検査もせずに）決めつけている人もいるかもしれません。そのような懸念を払拭する方法として、目に見えない汚れを簡単かつ迅速にその場で数値によって確認でき、食品製造業に関わる手指や機器の検査で使われる「ATPふき取り検査」があります。この検査で測定するATP（アデノシン三リン酸）は、動物、植物、微生物などすべての生命体中に存在する化学物質です。それを測定して数値化することで、院内施設の衛生環境や医療機器の清浄度（あるいは汚染度）を数値で管理することができます。よって、ペット同伴入院やペット連れ面会を前提とした院内環境を実現するための、いわば入院環境検査として「ATPふき取り検査」は活用できるかもしれません。

ただし、衛生面がクリアできたとしても、医師や看護師に吠えたり噛みついたりするおそれがあるなら、ペット同伴入院やペット連れ面会は当然難しくなります。さらには、医療従事者や入院患者のなかには動物が苦手な人もいます。2009年に千葉県が行ったペット飼養環境調査によると、犬が嫌いな人は県民の約1割で、動物アレルギーの人も同程度いることがわかりました。そうした人たちへの配慮は欠かせません。それらをクリアした上で、ペット同伴入院は部分的にですが、実現の可能性があるのではないかと思います。

難しいのは、多頭飼育のケースです。病室に何頭も連れての同伴入院や面会は、病院側の受け入れ体制だけではなく、飼い主の体力的にも困難と予測されます。

❷ペットがもたらす回復効果

私たちにとってペットは家族です。日々の潤いであり、心を交わし合い、認め合う関係を築いています。その家族と離れて過ごす入院生活は、闘病や治療のつらさに加えて、悲しみや寂しさなど心の痛みももたらします。そのような精神的な苦痛は病気やケガの回復に悪影響を及ぼす可能性があります。同様に、ペットも精神的なストレスから何らかの異常を引き起こすかもしれません。

イギリスではベテラン看護師たちの多くが、「飼い主と一緒にペットが過ごせるよう、ペット同伴入院やペット連れ面会ができる仕組みを作るべきだ」という意見を持っています。そして、イギリスの一部の病院ではすでに「ペットミーティンググルーム」といった施設を設置しています。場所や時間を決めて、入院している飼い主とペットが面会できるようにしているわけです。そのような取り組みは、患者の病状回復にプラスの効果を及ぼすことが明らかにされています。「飼養環境や条件が整うならば、同伴入院できるようにしたほうが、患者とペット双方の心身に良いことは明らかである」との見解を示している病院もあるほどです。

アメリカ・カリフォルニア州の「ロサンゼルスこども病院」では、病気療養中の子どもたちとセラピードッグの交流を積極的に取り入れているのですが、次のような効果が確認されています。

- 手術前の不安な気持ちを解消し、勇気付けてくれる
- 子どもの病気に不安を持つ親のストレスを緩和する
- 医師や病院スタッフの気持ちをやわらかくし、笑顔をもたらす
- 痛みと闘う子どもの心のケアに有効
- 血圧、心拍数、呼吸の正常化や痛みの緩和に有効
- 抗がん剤治療を行う患者を励ます
- ふさぎがちな性格を持つ子どもの心の開放につながる
- 回復への期待と希望の向上につながる

など。

その活動の様子は、動画再生サイトYou Tubeで「ファシリティードッグ」と検索するとたくさんの映像を見ることができます。ファシリティードッグとは、病院などの特定の施設で、スタッフの一員として活動するために、専門的なトレーニングを受けた犬のことを指します。病院において非薬物的療法を担うファシリティードッグたちは、たくさんの患者との絆を育み、年間に数千人にも上る人々の心を癒やす貴重な存在になっています。

また、アメリカには、パーソナルペットビジテーションというペット同伴入院やペット連れ面会プログラムを策定している病院もあります。どんな犬でも病室に入れるわけではなく、排泄や行動面のしつけができていること、健康状態に問題がないこと、必要なワクチン接種が行われていること、かかりつけの獣医師の同意を得ていることなどが、医師や病院スタッフによって厳しく審査され、一定条件の範囲で許可されています。

日本の医療現場がペット同伴入院やペット連れ面会を実現するためには、さまざまな課題があることは理解できます。しかし、患者の回復という視点からも、アメリカなどのように受け入れ条件を決めて、入院患者とペットが少しの時間でも一緒に過ごせる仕組みを部分的あるいは段階的に作ってもらいたいと願います。加えて、環境省の「家庭動物等の飼養及び保管に関する基準」の一般原則（資料編参照）に従い、「終生飼養」を全うするためにも、災害時のペット同伴避難と同様に、ペット同伴入院やペット連れ面会の実現を検討し、一歩ずつでも前進していただくことを期待します。さらには、消防庁にも、一人暮らしで身寄りのない救急患者を搬送する必要がある場合は、ペットを放置することのないよう、対策を講じてもらいたいと思います。

資料編

環境省ガイドライン「災害時におけるペットの救護対策ガイドライン」より抜粋

【飼い主が備えておくべき対策例】

平常時

□住まいの（普段の暮らしの中での）防災対策
□ペットのしつけと健康管理
□ペットの迷子対策（マイクロチップ等による所有者明示）
□ペット用の避難用品や備蓄品の確保
□避難所や避難ルートの確認等
□災害時の心構え

災害時

□人とペットの安全確保
□ペットとの同行避難
□避難所・仮設住宅におけるペットの飼育マナーの遵守と健康管理

【災害に備えたしつけと健康管理の例】

犬の場合

□「待て」「おいで」「お座り」「伏せ」などの基本的なしつけを行う
□ケージ等の中に入ることを嫌がらないように、日ごろから慣らしておく
□不必要に吠えないしつけを行う
□人やほかの動物を怖がったり、攻撃的にならないようにする
□決められた場所で排泄ができるようにする
□狂犬病予防接種などの各種ワクチン接種
□犬フィラリア症など寄生虫の予防、駆除
□不妊・去勢手術

猫の場合

□ケージやキャリーバッグに入ることを嫌がらないように、日ごろから慣らしておく
□人やほかの動物を怖がらないようにしておく
□決められた場所で排泄ができるようにしておく
□各種ワクチン接種
□寄生虫の予防、駆除
□不妊・去勢手術

【迷子にならないための対策例】

犬の場合

□首輪と迷子札

□鑑札や狂犬病予防注射済票（飼い犬は狂犬病予防法により鑑札の装着や年1回の予防注射、および注射済票の装着が義務づけられている）
□マイクロチップ

猫の場合
□首輪と迷子札（猫の首輪はひっかかりを防止するために、力が加わると外れるタイプが良い）
□マイクロチップ

【避難訓練でのチェックポイント】
□避難所までの所要時間の確認
□ガラスの破損や看板落下などの危険な場所の確認
□通行できないときの迂回路の確認
□避難所でのペットの反応や行動を見る
□避難所での動物が苦手な人への配慮を考える
□避難所での飼育環境の確認

【同行避難する際の準備例】
犬の場合
□リードを付け、首輪が緩んでいないか確認する
□小型犬はリードを付けた上で、キャリーバッグやケージに入れるのも良い

猫の場合
□キャリーバッグやケージに入れる
□キャリーバッグなどの扉が開いて逸走しないようにガムテープなどで固定すると良い

重要な法律の条文や防災のための資料

次の資料は紙幅の都合上、それぞれを閲覧できるサイトのURLおよびQRコードを掲載します（道路交通法第55条2項除く）。URLからインターネットにアクセス、あるいはQRコードをスマートフォンやタブレット端末で読み込んで閲覧してください。なお、情報は2021年10月現在のものであり、改正などに伴って閲覧できなくなることもあります。

【動物の愛護及び管理に関する法律（環境省）】
https://www.env.go.jp/nature/dobutsu/aigo/2_data/laws/nt_r010619_39_5.pdf

【家庭動物等の飼養及び保管に関する基準（環境省）】
https://www.env.go.jp/hourei/add/r073.pdf

【防災基本計画（令和3年5月、内閣府）】

http://www.bousai.go.jp/taisaku/keikaku/pdf/kihon_basicplan.pdf

【人とペットの災害対策ガイドライン（環境省）】

https://www.env.go.jp/nature/dobutsu/aigo/2_data/pamph/h3002/0-full.pdf

【災害時におけるペットの救護対策ガイドライン（環境省）】

https://www.env.go.jp/nature/dobutsu/aigo/2_data/pamph/h2506/full.pdf

【道路交通法第55条2項】

車両の運転者は、運転者の視野若しくはハンドルその他の装置の操作を妨げ、後写鏡の効用を失わせ、車両の安定を害し、又は外部から当該車両の方向指示器、車両の番号標、制動灯、尾灯若しくは後部反射器を確認することができないこととなるような乗車をさせ、又は積載をして車両を運転してはならない。

知っておくべき法制度の整備状況

【災害対策基本法】

行政機関による災害時対応の法制度は、一般法の「災害対策基本法」となります。

政府は「防災基本計画」を定めており、それに基づいて各省庁等において「防災業務計画」を策定しています。都道府県や市区町村はその「防災業務計画」も参考にしながら、「地域防災計画」を策定しています。

「防災基本計画」には、飼い主によるペットとの同行避難や、避難所での飼養等に関する事項が追加されています。熊本地震をふまえ、平成28年には、環境省の「防災業務計画」においても、災害時のペット対策に関する記述が強化されました。自治体の「地域防災計画」の策定にあたっては、「災害時におけるペットの救護対策ガイドライン」を参照することも追記されています。

それらにより、災害予防が図られているのですが、災害予防とは、飼い主によるペットとの同行避難や避難所での飼養についての準備など、家庭での予防・安全対策、救護活動の方法および関係機関との協力体制の確立等に関する事項であり、現地での動物救護本部の設置なども含みます。

また、災害応急対策として、被災したペットの同行避難の把握などの情報収集、被災したペットの保護と収容、避難所および応急仮設住宅等におけるペットの適正な飼養、危険動物の逸走対策、動物由来の感染症対策に必要な措置、フードやケージ等の調達および配分の方法に関する事項などが明記されています。

また、特別法に「災害救助法」があります。こちらは災害時に応急的に必要な救助を行い、被災者の保護と社会の秩序の保全を図ることを目的とし、救助の適応基準、救助の種類、内容、市町村長への職権の委任、ほかの都道府県に対する応援などが盛り込まれていますが、ペットに関しての明記はありません。


【動物の愛護及び管理に関する法律（動物愛護管理法）】

この法律に関する施策を推進するための計画として、都道府県が策定する「動物愛護管理推進計画」に災害時対策が追加されています。そこには、動物愛護推進員についての明記があり、その役割として「災害時に、国または都道府県等が行う犬、猫等の動物の避難、保護等の協力に関する施策に必要な協力をすること」とされています。

動物愛護推進員は、動物への理解と知識の普及のため、地域の身近な相談員として、住民の相談に応じたり、求めに応じて助言するなど、動物の愛護と適正飼養の普及啓発等の活動を行う人のことです。その資格等については、動物に関する識見を有するものとして獣医師、愛玩動物飼養管理士などが例示されています。今後、国家資格化に伴い、愛玩動物看護師もその役割が期待されてくるでしょう。

また、「動物の愛護及び管理に関する施策を総合的に推進するための基本的な指針（動物愛護管理基本指針）」では、地域や関係省庁は災害の実情や種類に応じた対策を適切に行うことができるよう体制の整備を図ること、動物の救護などが円滑に進むように逸走防止や所有明示など所有者責任の徹底、災害時に民間団体と協力する仕組みや地方公共団体間で広域的に対応する体制の整備の推進などが明記されています。


【そのほかの法律】

そのほか災害に関係する法律として、災害時に問題となる感染症の発生を予防し、そのまん延の防止を図り、公衆衛生の向上および増進を図ることを目的とする「感染症の予防及び感染症の患者に対する医療に関する法律（感染症法）」や「狂犬病予防法」などがあります。

また､被災者支援のための「災害弔慰金の支給等に関する法律」（災害弔慰金、災害障害見舞金、災害援護資金）や「被災者生活再建支援法」（罹災照明書の住宅全壊、半壊等により支援内容が変わる）などもあります。

獣医師や動物看護師など、「動物に関する識見を有する者」は、これらの法律にも知悉することが望まれます。

用語集

本文の内容より抜粋

■あ

【アナフィラキシーショック】食べもの、薬、昆虫や爬虫類の毒などによって引き起こされるアレルギー反応により、重篤な全身症状を示す。アナフィラキシーショックが疑われた場合は、原因特定の有無にかかわらず、すぐに動物病院に連れて行き、救急対応を実施すること（第1章）

【一次救命処置・二次救命処置】一次救命処置は、倒れているペットを発見した人や居合わせた人が行う処置。心停止のペットの日常生活復帰に大きな役割を果たす。二次救命処置は、動物病院での専門的な治療（第1章）

【5つの自由】飢えと渇きからの自由、不快からの自由、痛み・傷害・病気からの自由、恐怖や抑圧からの自由、正常な行動を表現する自由で構成される、国際的動物福祉の基本（第4章）

【咽頭（催吐）反射法（ボミティングリアクション）】利き手を咽頭部、利き手の反対側の拳の人差し指と親指の面をペットの上腹部に当てて斜め上方に圧迫し、体内圧を高めて気道の異物を除去する手技（第1章）

■か

【感染症】細菌・真菌・ウイルスなどの微生物、ノミ・ダニなどの寄生虫により起こる疾患（第3章）

【気道異物除去】ペットの気道に詰まった異物を除去すること（第1章）

【救急処置を実施する際のポジション】短頭犬種は仰臥位（仰向けの状態）、そのほかの犬種や猫は側臥位（横に寝た状態）にて実施（第1章）

【救命曲線】心肺停止状態になった際は、血液中の酸素が脳に新しく取り入れられないため、時間が経てば経つほど救命率は下がるが、これをグラフ化したもの（第1章）

【救命の連鎖】ペットの命を救い、生活への復帰に導くために必要となる一連の行動。1つ目の輪「安全と反応確認」、2つ目の輪「タクシーと獣医師の手配」、3つ目の輪「一次救命処置（胸部圧迫と人工呼吸）」、4つ目の輪「搬送」、5つ目の輪「二次救命処置と心拍再開後の集中治療」（動物病院で行われる処置）の5つの輪で構成される（第1章）

【救命法の流れ】観察・意識・反応の確認、安全確認・動物病院の手配と搬送、呼吸と脈の確認、心肺蘇生法の実施、搬送途上の救命処置の継続・声かけ、動物病院（獣医師）への引き継ぎの流れとなる（第1章）

【胸部圧迫（心臓マッサージ）】ペットの背部から前足の付け根部分に片手、または両手を当てて、肘を伸ばした状態で実施する（第

1章）

【苦痛の軽減】負傷や病気などによる苦痛からの早期の緩和を目指すこと（第1章）

【ケージタグ】避難所にてケージに貼り付けるタグ。ペットの名前、飼い主名など基本的な情報を明示するためのもの（第3章）

【咬傷事故届】咬傷事故の際、動物愛護センターや保健所などに提出する書類（第1章）

【咬傷防止】エリザベスカラーやマズル（口輪）などを利用する。綿包帯でマズルを手作りしても良い（第1章）

【呼吸と脈の確認】左手で気道確保、右手で脈のチェックを行いながら、胸腹部の動きを視認する（第1章）

【骨折・関節損傷・靭帯損傷】家具の転倒など災害時の散乱物、倒壊家屋の不安定な足場、水害によるぬかるみ、避難中の車内（シートのあいだに足を挟む）などが原因で起こりやすい（第2章）

■さ

【災害救助犬】災害が発生した際、倒壊家屋の下敷きなどの被害にあった人やペットの捜索・救助を行う犬。ハンドラーと普段から訓練を積み、一緒に活動している（第2章）

【シートベルト】アメリカでは着用義務化が進んでおり、日本でもその普及が望まれる。使用にあたっては、ペットに適した構造の用具を選ばなければならない（第1章）

【止血法】直接圧迫止血法は、出血部位を清潔なガーゼや布で強く押さえる止血法で、最も効果的な方法。間接圧迫止血法（止血点圧迫止血法）は、出血箇所より心臓に近い部位の止血点（動脈）を手や指で圧迫して血流を遮断し、止血する方法（第1章）

【自助救護】ペットの生命・身体は自分たちで守るという心構え（第1章）

【消毒薬】避難所などでの衛生管理に用いる消毒薬としては、主に複合次亜塩素酸系消毒剤（次亜塩素酸ナトリウム、次亜塩素酸水［酸性電解水］）、酸性水（弱酸性、強酸性）、オゾン水、クロルヘキシジン製剤（器具類に使用）、逆性石鹸（器具類に使用、ウイルスには無効）があるが、それぞれの特徴や商品による違いがあることから、よく確認して用いるようにする（第3章）

【人工呼吸（呼気吹き込み）】ペットの首を立てずに気道を確保し、鼻に口を当ててゆっくりと肺の大きさに応じた呼気量を吹き込む（第1章）

【人獣共通感染症】人と動物の間で伝播可能な感染症。エキノコックス症、レプトスピラ症などがよく知られている。さらに近年、ダニから感染する重症熱性血小板減少症候群（ＳＦＴＳ）も注目されている。動物臨床分野で一般的な真菌症には、皮膚糸状菌症、アスペルギルス症、カンジダ症、クリプトコックス症がある（第3章）

【心肺蘇生法】主に胸部圧迫と人工呼吸を実施する（第1章）

【セラピードッグ】ふれあいや交流を通じて人の心身の癒やしや活力となるよう高度に訓練された犬（第4章）

■た

【チアノーゼ】皮膚や粘膜の青紫色変化（第1章）

【チェストトラスト法】ペットの胸部の両側を両手で押し、体内圧を高めて気道の異物を除去する手技（第1章）

【低ナトリウム血症・高ナトリウム血症】低ナトリウム血症は、血液中のナトリウム濃度が非常に低い状態。元気消失、発作、知覚過敏、昏睡などの症状を発現し、最悪の場合は死亡する。一方、高ナトリウム血症は血液中のナトリウム濃度が非常に高い状態で、多渇、見当識障害（錯乱）、昏睡などの症状を発現し、最悪の場合は死亡する（第2章）

【同行避難】公園や広場、近くの高層ビル、避難所、知人宅など、危険な場所からより安全な場所（指定緊急避難場所等）にペットとともに逃げること（第3章）

【同伴避難】被災者が避難所でペットを飼養すること。避難所でのペットの飼養は、避難所が定めたルールに従って、飼い主が責任をもって行うことになる。ただし、個室で飼養できるとは限らない。飼い主と一緒の同伴避難である「同居避難」と、避難所の一角に動物だけの避難場所を設けて飼養管理する場合の2パターンがある（第3章）

【動物介在介入】医療や教育などの現場に動物を意図的に組み込み、人の健康、社会福祉など人的サービス、教育に介入すること。目的により、「動物介在療法」「動物介在活動」「動物介在教育」に分類される（第4章）

【動物介在活動】動物とのふれあいにより、情緒的な安定、レクリエーション、生活の質の向上などを目指す活動（第4章）

■な

【肉球損傷】災害時に（たとえば地震によって散乱したガラスや瓦礫が原因で）起こりやすい（第2章）

【熱中症】急激な体温の上昇により、生体機能が著しく障害を受けた状態。初期にはあえぎ呼吸、よだれといった症状が現れ、虚脱や失神、筋肉の震えが見られたり、意識が混濁し、呼びかけにあまり反応しなくなる。さらには、完全に意識がなくなったり、全身性のけいれん発作を起こすこともある。症状が進行すると、吐血や下血（血便）、血尿といった出血症状が見られ、酸素をうまく取り込めないためチアノーゼを起こしたり、最悪の場合はショック症状を起こし、命に関わることもある（第1、2章）

■は

【パーソナルペットビジテーション】病院が策定するペット同伴入院やペット連れ面会プログラム（第4章）

【背部叩打法】ペットの肩甲骨のあいだを叩いて気道の異物を除去する手技（第1章）

【バックウォーター現象】河川や用水路などにおいて、下流側の水位の変化が上流側の水位に影響を及ぼす現象（第2章）

【ヒスタミンによる食中毒】赤身魚に多く含まれるアミノ酸の一

種であるヒスチジンが、多量のヒスタミンに変わったときに起こる中毒。犬や猫でも起こりうる（第1章）

【避難情報】避難を呼びかける5種類の情報で、警戒レベル1「早期注意情報（気象庁）」、2「大雨・洪水・高潮注意報（気象庁）」、3「高齢者等避難」、4「避難指示」、5「緊急安全確保」の5段階からなる（第2章）

【避難放棄ペット（放置ペット）】自然災害時、避難所に入ることができず、あるいは一緒に逃げることができずに、やむなく自宅に放置されるペット（第2章）

【避難用備蓄品】ペットの療法食や薬など動物の健康や命に関わる「優先順位1」、飼い主の連絡先など情報に関する「優先順位2」、オモチャなどのペット用品が含まれる「優先順位3」というように、必要性や重要度別にリストを作成し、備蓄しておくことが重要（第3章）

【フグ毒】フグは猛毒のテトロドトキシンを持っていることから、それを誤って摂取すると致死的な中毒が起こる（第1章）

【腹部突き上げ法（ハイムリック法）】ペットの腹部を突き上げ、体内圧を高めて気道の異物を除去する手技（第1章）

【ペット同行・同伴避難所、仮設住宅入所名簿 兼 登録名簿】避難所への提出書類。あらかじめ記入しておくと、受け入れがスムーズに進みやすい（第3章）

【ペット用酸素マスク】ペットの体の大きさに合わせて、専用に作られた酸素マスク（第1章）

【ペット用担架】ペットの搬送に用いられる担架（第1章）

【補助犬】障害や問題を持つ人々の手助けをするため、特別な訓練を積んだ犬。盲導犬、聴導犬、介助犬などその仕事は多岐にわたる（第4章）

■ま

【マイクロチップ】世界で唯一の15桁の番号が記録されており、この番号を専用のリーダーで読み取ることで、個体識別ができる。迷子や地震などの災害、盗難や事故などによって、飼い主と離ればなれになっても、データベースに登録された情報と照合することで、飼い主の元に戻ってくる可能性が高くなる。動物の愛護及び管理に関する法律（動物愛護管理法）の改正に伴い、新しく販売する犬・猫へのマイクロチップ（電磁的記録）の装着義務化が明記された（第2、3章）

【水中毒】淡水の大量摂取によって神経症状が発現する中毒（第2章）

■やらわ

【RECOVERガイドライン】獣医学領域における救命救急・心肺蘇生のガイドライン（第1章）

【ワクチン】1回感染すると2回目以降の感染は発症しづらくなるという生体の免疫システムを利用して、感染症を予防する方法（第3章）

●新たなステージに対応した 防災・減災のあり方．国土交通省．https://www.mlit.go.jp/common/001066501.pdf
●災害時動物救護の地域活動ガイドライン．日本獣医師会．http://nichiju.lin.gr.jp/aigo/pdf/guideline2.pdf
●ペットも守ろう！ 防災対策～備えよう！ いつもいっしょにいたいから２～．環境省．https://www.env.go.jp/nature/dobutsu/aigo/2_data/pamph/h2909a.html
●内田幸憲，井村俊郎，竹嶋康弘．神戸市および福岡市医師会会員への動物由来感染症（ズーノージス）に関するアンケート調査．感染症学雑誌．75(4): 276-282．2001.
●川添敏弘．動物介在活動・動物介在介入の歴史と展望．In: 新しい学問としての動物看護学．生物科学．69(2): 97-106．2018.
●杉山和寿．総論－臨床獣医師の目から－．動物臨床医学．27(1): 1-3．2018.
●千葉科学大学　履修証明プログラム「災害時獣医療支援人材養成プログラム」配布資料．2018.
●公益社団法人日本愛玩動物協会．人と動物の関わりを考える〈後編〉．with PETs．261: 2-25．2018.
●前田健．まだまだ油断ならないSFTS．動物臨床医学．27(1): 4-11．2018.
●増子元美．犬猫問題解決NOTES 2016．わんにゃんぴっ相談室．2016.
●村田佳輝．真菌症はこわいぞ！ 動物臨床医学 27(1): 12-14．2018.
●小沼守．動物看護師として意識を高める！ 防災・減災についての危機管理 もしもに備えたいペットの防災・減災－災害に関わる動物危機管理のリスク管理・危機管理－．as 30(9) 10-23．2018.
●愛玩動物と新型コロナウイルス感染症について（2020年7月31日改訂）．日本獣医師会．http://nichiju.lin.gr.jp/covid-19/covid-19_file10.pdf
●犬における新型コロナウイルスの陽性を確認　#StayAnicomでお預かりしたペット PCR検査で『陽性』の結果(2020年8月3日)．アニコム ホールディングス．https://www.anicom.co.jp/release/2020/200731.html
●Man's best friend helps NC Guardsman with PTSD.　https://www.dvidshub.net/news/119322/mans-best-friend-helps-nc-guardsman-with-ptsd

参考文献

おおむね本文の記載順に列記する（資料編に掲載した文献は割愛）。

- ペットテック社. ペットセーバープログラム. https://pettech.net/
- Boller M, Boller EM, Oodegard S, et al. Small animal cardiopulmonary resuscitation requires a continuum of care: proposal for a chain of survival for veterinary patients. J Am Vet Med Assoc. 240(5): 540-554. 2012.
- Fletcher DJ, Boller M, Brainard BM, et al. RECOVER evidence and knowledge gap analysis on veterinary CPR. Part 7: Clinical guidelines. J Vet Emerg Crit Care (San Antonio). 22 (Suppl) : S102-131. 2012.
- 平成30年度動物の虐待事例等調査報告書. 環境省. https://www.env.go.jp/nature/dobutsu/aigo/2_data/pamph/h3103b.html
- 気をつけたい 子どもが感じている暑さとは. ウェザーニュース 2018年4月19日. https://weathernews.jp/s/topics/201706/090095/
- 飼い犬が人を咬んだ場合の手続きについて. 徳島県動物愛護管理センター. http://tokuju.or.jp/skins/style/pdf/kyouken-tejun.pdf
- 自然毒のリスクプロファイル：魚類：フグ毒. 厚生労働省. https://www.mhlw.go.jp/topics/syokuchu/poison/animal_det_01.html
- 緑書房編集部. 肉球. In: 動物看護の教科書増補改訂第2版 第2巻. p34-35. 緑書房. 2016.
- 避難情報に関するガイドラインの改定（令和3年5月）. 内閣府. http://www.bousai.go.jp/oukyu/hinanjouhou/r3_hinanjouhou_guideline/
- ハザードマップポータルサイト ～身のまわりの災害リスクを調べる～. 国土交通省. https://disaportal.gsi.go.jp
- 地点別浸水シミュレーション検索システム. 国土交通省. https://suiboumap.gsi.go.jp/ShinsuiMap/Map/
- Tilley LP, Smith FWK 編. 長谷川篤彦 監訳. 高ナトリウム血症・低ナトリウム血症. In: 小動物臨床のための5分間コンサルタント 第3版 犬と猫の診断・治療ガイド. p1270-1271・1290-1291. インターズー. 2006.
- 日本の活火山分布図. https://gbank.gsj.jp/volcano/Quat_Vol/act_map.html
- 災害、あなたとペットは大丈夫？ 人とペットの災害対策ガイドライン〈一般飼い主編〉. 環境省. https://www.env.go.jp/nature/dobutsu/aigo/2_data/pamph/h3009a.html
- 愛玩動物の衛生管理の徹底に関するガイドライン 2006 －愛玩動物由来感染症の予防のために－. 厚生労働省. https://www.mhlw.go.jp/file/06-Seisakujouhou-10900000-Kenkoukyoku/0000155023.pdf

著 者 **サニー カミヤ**（Sunny Kamiya）

一般社団法人 日本国際動物救命救急協会 代表理事／一般社団法人 日本防災教育訓練センター 代表理事
1962 年福岡県生まれ。福岡市消防局のレスキュー隊小隊長を務めた後、国際緊急援助隊員、ニューヨーク州救急隊員として活動。人命救助者数は 1,500 名以上を数える。アメリカに 22 年在住し、現在はアメリカ国籍。2014 年より再び活動拠点を日本に移し、リスク・危機管理、防災、防犯、各種テロ対策コンサルタントなどの活動を行う。さらには「助かる命を助けるために」をテーマに、ペットの救命救急法（ペットセーバープログラム）の講習を日本全国で展開。ペットの飼い主や消防士などに、日常事故や自然災害時における実践的な動物愛護と保護に向けた取り組み、および飼い主とペットの「生命・身体・財産・生活・自由」を守るための防災教育の普及活動を行っている。NHK「逆転人生」などメディア出演多数。著書に『台風や地震から身を守ろう：国際レスキュー隊サニーさんが教えてくれたこと』、『けがや熱中症から身を守ろう：同』、『交通事故や火事から身を守ろう：同』（いずれも評論社）。

監修者 **小沼 守**（Mamoru Onuma） 獣医師、博士（獣医学）

一般社団法人 日本国際動物救命救急協会 動物救護アドバイザー／大相模動物クリニック 名誉院長／ペット健康まもるラボ 主宰／千葉科学大学 教授
1967 年埼玉県生まれ。1991 年に日本大学農獣医学部獣医学科を卒業し、1995 年におぬま動物病院（現・大相模動物クリニック）を開院、2011 年に日本大学大学院獣医学専攻修了。2017 年に千葉科学大学に着任、2021 年には犬・猫以外のエキゾチックペットセーバープログラムを構築。ペットの災害対策や危機管理、災害救助犬などの社会貢献活動、サプリメントなど機能性食品開発に向けた研究を行っている。東京農工大学非常勤講師、日本捜索救助犬協会顧問のほか、獣医アトピー・アレルギー・免疫学会、日本獣医エキゾチック動物学会、獣医学教育支援機構 vetOSCE 委員、日本ペット栄養学会ほかで役員や委員を務める。『めざせ早期発見！わかる犬の病気』(執筆、インターズー)、『動物病院スタッフのための犬と猫の感染症ガイド』(監修、緑書房) など著書多数。

ペットの命を守る本 もしもに備える救急ガイド

Midori Shobo Co.,Ltd

2021 年 12 月 20 日 第 1 刷発行
2023 年 11 月 10 日 第 3 刷発行

著 者 …………… サニー カミヤ
監 修 者 …………… 小沼 守
発 行 者 …………… 森田浩平
発 行 所 …………… 株式会社 緑書房
〒 103-0004
東京都中央区東日本橋 3 丁目 4 番 14 号
TEL 03-6833-0560
https://www.midorishobo.co.jp

編 集 …………… 道下明日香、池田俊之
カバーデザイン …………… 尾田直美
デザイン …………… ACQUA
印 刷 所 …………… 図書印刷

ISBN978-4-89531-589-0 Printed in Japan